ARCHITECTURAL DESIGN

CHENGXIANG
GUIHUA ZHUANYE
SHIJIAN JIAOCHENG

城乡规划专业实践教程

主 编／陈金泉

副主编／商林艳

参 编／雷佳佳 肖 平 易秀娟 李 琳

重庆大学出版社

内容提要

本书以《高等学校城乡规划本科指导性专业规范(2013 版)》为指导思想,结合国家城乡规划有关法规、规范、技术标准以及教学大纲的相关要求,系统、全面地介绍了城乡规划专业课程实验、课程设计、实践实习的教学目的、实验项目、基本要求、实验过程、成果要求与成绩评定等。

本书是普通高等院校城乡规划专业(本科)实验教材,分为绪论、课程实验、独立实习三大部分,共 28 章,适合城乡规划专业作为教材使用。

图书在版编目(CIP)数据

城乡规划专业实践教程 / 陈金泉主编. -- 重庆：
重庆大学出版社,2022.6
　ISBN 978-7-5689-1424-6

Ⅰ.①城… Ⅱ.①陈… Ⅲ.①城乡规划—高等学校—
教材 Ⅳ.①TU984

中国版本图书馆 CIP 数据核字(2018)第 287089 号

城乡规划专业实践教程

主　编　陈金泉
副主编　商林艳

责任编辑:范春青　　版式设计:范春青
责任校对:谢　芳　责任印制:赵　晟

*

重庆大学出版社出版发行
出版人:饶帮华
社址:重庆市沙坪坝区大学城西路 21 号
邮编:401331
电话:(023)88617190　88617185(中小学)
传真:(023)88617186　88617166
网址:http://www.cqup.com.cn
邮箱:fxk@cqup.com.cn(营销中心)
全国新华书店经销
重庆市正前方彩色印刷有限公司印刷

*

开本:787mm×1092mm　1/16　印张:17.5　字数:440 千
2022 年 6 月第 1 版　　2022 年 6 月第 1 次印刷
ISBN 978-7-5689-1424-6　定价:49.00 元

前 言

城乡规划专业是以可持续发展思想为理念,以城乡社会、经济、环境和谐发展为目标,以城乡物质空间为核心,以城乡土地使用为对象,通过城乡规划的编制、公共政策的制定和建设实施的管理,实现城乡发展空间资源的合理配置和动态引导控制的多学科复合型专业,具有实践性、技术性和政策性强的特点。

随着我国社会经济发展进入新常态,创新、协调、绿色、开放、共享成为新的发展理念和指导思想,这使得城乡规划专业在服务国家社会经济发展层面上的意义更为重要,也使得城乡规划专业人才培养必须顺势而为,紧密结合社会经济新形势,不断完善实践教学体系和教学内容,建立新的实践教学模式,以加强创新型、研究型和实践型人才的培养。

江西理工大学城乡规划专业(本科)成立于1999年,当时学制为四年,2011年学制转为五年制。经过十多年的努力与发展,本专业在师资队伍建设、教学条件改善、教学计划调整、课程体系改革、教学管理体制创新等方面均取得了一些成果;在实践教学方面,基本形成了以课程实验与课程实习、社会调研与课程设计、综合实习与创新性实践等为主体的专业实践教学体系,构建了基本技能与素质—综合实践能力—创新创业培养等相结合的能力递进式培养模式。

本书系统、全面地介绍了城乡规划专业实践教学的教学内容、基本要求等,是江西理工大学城乡规划专业积极开展实践教学改革和探索的重要组成部分与成果。本书由陈金泉担任主编,商林艳担任副主编。编写分工如下:陈金泉编写第1章、第7章、第8章、第10章、第12章、第13章、第16章、第18章、第19章、第21章、第23章、第24章、第27章;雷佳佳编写第2章、第4章;肖平编写第3章;商林艳编写第5章、第6章、第14章、第15章、第20章、第22章、第25章、第26章;易秀娟编写第9章;李琳编写第11章、第17章。在编写过程中,编者参考了大量同行专家的教材、著作及文献资料,在此致以诚挚的谢意。

由于编者水平有限,书中的不足之处,恳请同行、读者朋友、广大师生批评指正,我们也将不断修正与完善。

编 者
2021 年 10 月

目　录

第1篇
绪　论

第1章 城乡规划专业实践教学概述

1.1 城乡规划的概念与内涵

城乡规划是以促进城乡经济社会全面协调可持续发展为根本任务、促进土地科学使用为基础、促进人居环境根本改善为目的的,涵盖城乡居民点的空间布局规划。它是各级政府统筹安排城乡发展建设空间布局,保护生态和自然环境,合理利用自然资源,维护社会公正与公平的重要依据,具有重要公共政策的属性。城乡规划具体包括城镇体系规划、城市规划、镇规划、乡规划、村庄规划等内容。城市规划、镇规划分为总体规划和详细规划。详细规划又分为控制性详细规划和修建性详细规划。

城乡规划以图纸和文本为表现形式,经过法定程序审批确定后,即具有法定效力。城乡规划区内的各项土地利用和建设活动都必须按照城乡规划执行。

1.2 城乡规划专业人才培养概述

1.2.1 城乡规划专业发展概况

城乡规划专业属于工学门类的建筑类专业,源于建筑学、城市设计和市政工程等学科。1952年全国范围内高校院系调整时,同济大学第一个创办了"城市建设与经营"专业,1956年同济大学将"城市建设与经营"专业更名为"城市规划"专业。同时设立"城市规划"专业的还有清华大学和重庆建筑工程学院。这一时期的城市规划专业,其培养方式与课程设置是学习苏联模式,学制为4~5年,专业大多设置于建筑系,教学计划也基本以建筑教育为主要内容,在高年级时加入城市规划方面的专业课程。1980年以后,随着城镇化、社会经济和科技等快速发展,传统的空间形态规划已经不能适应城市和区域发展的现实需求,社会经济、生态环境、政策体制等成为城市规划关注的领域,在城市规划专业教育方面,地理学、经济学、社会学、法律与行政管理学等成为城市规划专业的重要课程。在2012年新修订的《高等学校本科专业目录》中,"城市规划"专业改称为"城乡规划"专业。城市规划学科亦由原建筑学下的二级学科升为城乡规划一级学科。

目前,"城乡规划"专业是以可持续发展思想为理念,以城乡社会经济、生态环境的和谐发展为目标,以城乡物质空间为核心,以城乡土地使用为对象,通过城乡规划的编制、公共政策的制定和建设实施管理,实现城乡发展的空间资源合理配置和动态引导的多学科复合型专业。

1.2.2 城乡规划专业人才培养目标

对于城乡规划专业人才培养目标,《高等学校城乡规划本科指导性专业规范》(2013年版)明确指出:本专业培养适应国家城乡建设发展需要,具备坚实的城乡规划设计基础理论知识与应用实践能力,富有社会责任感、团队精神和创新思维,具有可持续发展和文化传承理念,主要在专业规划编制单位、管理机关、大专院校和科研机构,从事城乡规划设计、开发与管理、教学与研究等工作的高级专业人才。

1.2.3　培养规格

城乡规划专业人才培养过程中,教学内容主要包括专业知识、专业实践和创新训练 3 个部分,分别通过课堂教学、实践教学和认识调查研究来完成。毕业生应具备以下 3 个方面的素质和能力。

1)素质要求

①热爱祖国,拥护中国共产党领导,理解马列主义、毛泽东思想、邓小平理论的基本原理和"三个代表"重要思想,践行科学发展观,深刻领悟习近平新时代中国特色社会主义思想;具有为构建和谐社会服务、为实现中华民族伟大复兴而奋斗的责任感。

②具有良好的社会公德和健康的身心素质,较高的文化艺术修养和现代科学知识;热爱专业,勇于创新,勤于实践,具有良好的敬业精神和职业道德。

③具有较强的服务意识和奉献精神,专业适应性宽,社会适应性强。

2)知识要求

本专业人才培养实施"厚基础、宽平台、大口径、强能力、高素质"的培养模式,增强学生的专业适应性和社会适应性。前两年为基础教育阶段,学习公共基础课和学科、专业基础课,重在打好基础;后三年重在城乡规划设计综合能力和实践能力的全面训练及个性化、专业化拓展的引导和培养,同时注重课外培养,强化社会实践和课外科学研究活动对人才知识结构的拓展、深化与个性发展,自主选修面向应用型人才特色培养的各模块知识。

(1)人文社会科学基础知识

了解逻辑学、辩证法、经济制度和法律制度的基本知识,具备基本的自然科学知识(包括环境保护、应用数学等与本专业相关的必备知识),掌握外语和计算机技术应用等知识。

(2)专业理论知识

掌握城乡规划的基本原理与方法,具备进行城乡规划、城市设计和城市规划管理的综合知识,初步掌握综合分析城乡问题和解决问题的专业知识;具有较高的艺术、美学修养,掌握设计表达的基本技巧与方法;了解现代城乡规划理论和城乡规划历史知识;掌握基本的城乡规划设计标准与规范,了解我国现行的城乡规划法律法规和职业规划师的基本知识;掌握城乡与环境、城乡与区域、城乡与经济和社会发展等方面的必备知识。掌握城乡市政工程和交通规划的基本原理和方法,具有组织协调其他相关专业技术人员共同开展工作的综合知识。

(3)相关知识

熟悉社会经济、建筑与土木工程、景观环境工程、规划技术、规划专题等方面的一般知识和理论及其在城乡规划中的应用。

3)能力要求

①分析研究能力:具有通过查阅文献、调查基地环境等获取资料的能力,以及预测、综合分析城乡发展中社会、政治、经济、环境、技术、管理与实施等诸因素辩证统一关系的研究能力。

②创新设计能力：具有综合运用各种分析、设计方法和专业知识创造性地解决城乡复杂问题的创新能力。

③综合表达能力：具有手工、模型、计算机、文字、语言等多种手段的综合表达能力。

④团队协作能力：具有初步的设计协调与团队组织能力，以胜任执业规划师工作。

1.3 城乡规划专业实践教学的实践单元及知识点

城乡规划的实践教学内容主要包括认识调研、规划设计和规划管理 3 个部分，每个部分又包括实践单元和知识点两个方面。

1.3.1 认识调研的实践单元和知识点

认识调研实践包括对住区的认识调查、社会调查、城乡调查、结合规划设计课程的调研 4 个实践单元。认识调研环节不作统一要求，详见表 1.1。

表 1.1 认识调研领域的核心实践单元和知识点

实践单元		知识点		
序号	描述	序号	描述	要求
I	住区认识调查研究	1	住区空间结构	熟悉
		2	住区道路与交通系统	熟悉
		3	住区公共服务设施	熟悉
		4	住区绿化系统	熟悉
II	社会调查研究	1	问卷编制与调查组织	熟悉
		2	调研数据分析方法	掌握
		3	调查报告的撰写	掌握
III	城乡认识调查研究	1	城乡功能布局	熟悉
		2	城乡空间结构与形态	熟悉
		3	城乡道路与交通系统	熟悉
		4	城乡公共服务设施	熟悉
		5	城市绿化体系	熟悉
IV	结合规划设计课程的调查研究	1	调查研究的内容	掌握
		2	调查研究的方法	掌握
		3	调查成果的表达	掌握

1.3.2 规划设计的实践单元与知识点

规划设计实践包括详细规划设计实践、城乡总体规划实践和毕业设计（论文），详见表 1.2。研究性规划设计和毕业设计（论文）都是非常重要的实践环节，但由于专业方向之间的差异性很大，内容不能作统一规定，各校可在培养方案里有所体现。

表 1.2 规划设计领域的核心实践单元和知识点

实践单元		知识点		
序号	描述	序号	描述	要求
I	详细规划设计实践（城市设计实践）	1	规划设计项目的组织	了解
		2	规划设计方案构思与深化	熟悉
		3	规划设计概念的表达	熟悉
		4	规划设计编制的基本内容	熟悉
		5	规划设计的编制方法	掌握
		6	规划设计的成果表达	熟悉
II	城乡总体规划实践	1	总体规划的基本内容	熟悉
		2	总体规划的编制方法	掌握
		3	总体规划的成果表达	掌握
III	毕业设计（论文）	毕业设计 1	规划设计资料的调研与收集整理	掌握
		2	规划设计的要点、方法、基本程序与组织	掌握
		3	规划设计方案的确定	掌握
		4	相关规范、标准等法规文件的应用	掌握
		5	规划设计成果的编制	掌握
		毕业论文 1	选题的背景与意义	了解
		2	国内外研究现状及发展概况的梳理	掌握
		3	初步论述、探讨、揭示某一理论方法	掌握
		4	主要研究结论与未来研究方向的阐述	掌握
		5	论文的撰写	熟悉

1.3.3 规划管理的实践单元与知识点

规划管理实践包括城乡规划管理基本知识、规划行政许可证件的核发、规划行政许可的变更和延续等内容，可通过实践基地的建设，在城乡规划管理等相关部门完成，详见表 1.3。

表 1.3 规划管理领域的核心实践单元和知识技能点

实践单元		知识点		
序号	描述	序号	描述	要求
I	城乡规划管理基本知识	1	规划管理的地位与作用	了解
		2	规划管理的基本内容	掌握
		3	规划审批的程序要求	掌握
		4	规划修改的条件和程序	熟悉
		5	建设项目规划条件的基本内容和要求	掌握
		6	规划条件的拟定与核实	熟悉

续表

实践单元		知识点		
序号	描述	序号	描述	要求
II	规划行政许可证件的核发	1	建设项目选址意见书核发程序和要求	掌握
		2	城市(镇)建设用地规划许可证核发程序和要求	掌握
		3	城市(镇)建设工程规划许可证的核发程序与要求	掌握
		4	乡村建设规划许可证的核发程序和要求	熟悉
III	规划行政许可的变更和延续	1	规划条件变更的程序与要求	掌握
		2	建设项目规划与建筑设计方案变更的程序和要求	掌握
		3	规划行政许可延续的程序和要求	熟悉

1.4　城乡规划实践教学目标

城乡规划专业具有很强的政策性、实践性和科学性,是一个以实践应用为主的学科专业。作为应用层次的科学类专业,要培养与社会实践和社会要求相适应的应用型专业人才,必须以扎实的实践教学为依托。本专业实践教学的目标有4个,具体内容如下:

1.4.1　传承城乡规划的实践知识

知识有多种表现形式,根据反映层次的系统性,可分为理论知识和实践知识。其中,理论知识可以通过听课、阅读等形式获得,实践知识则只能通过实践获得。在实施城乡规划的过程中,需要面对极其复杂而动态的城乡自然和社会经济系统,但城乡规划所依据的理论、规范、标准等则是相对简单而静态的,这就必须要有丰富的实践知识,采用因地制宜、灵活应用的方法,才能得出科学合理的规划设计方案。另外,通过实践教学可以让学生开阔眼界,丰富并活跃思想,加深对理论知识的理解掌握,进而在实践中对理论知识进行修正、拓展和创新。

1.4.2　培养城乡规划的基本技能和专业技能

通过学习让学生具有从事城乡规划的职业素质和能力。城乡规划是一项综合性很强的实践活动,需要学生掌握多种基本技能和专业技能,如调查与认识规划对象的技能、资料收集与分析的技能、发现问题和解决问题的技能、规划设计及成果表达的技能、规划设计成果推介宣传的技能、与规划设计成果使用主体进行有效交流的技能等。这些技能不仅要靠传授或通过某几个孤立的教学环节和教学内容的设定进行培养,还需要通过系统的训练和大量的实践以及科学的实践教学体系的有效运作共同完成。

1.4.3　培养城乡规划良好的职业道德与责任意识

通过学习培养实事求是、严肃认真的科学态度和刻苦钻研、坚韧不拔的工作作风。实践教学环节,不仅仅是教学内容与教学过程的问题,还是有关专业思想和人才培养指向的问题。未来的城乡规划专业技术人才必须是能心怀大众、担当得起社会责任的规划师和规划管理工作者。实践教学是学生接触社会、应用专业理论知识的起点,培养学生具有良好的职业道德和社会责任感是实现这一目标的重要环节。只有通过多种形式的实践教学活动,才能有效培养学生"关注社会、服务大众""以人为本、关注弱势群体""坚持科学发展,维护公共利益"的基本信念和社会责任意识,为未来成为合格的城乡规划专业人才打下良好的基础。

1.4.4　培养城乡规划的探索和创新能力

城乡规划工作是一项复杂、动态、综合性很强的工作,需要从业者有较强的创新意识和创新能力。没有探索和创新能力,本专业人才在职业发展中就没有竞争力。实践证明,实践教学活动是激发学生创造性思维的必要基础,实践教学环节是学生创造能力培养的主要教学环节。为尽可能激发学生的创新潜能,使他们成为富有想象力和创新精神的高素质人才,必须通过加大创新性实践教学环节来实现。同时,为了适应当前社会的竞争机制和锻炼学生的社会实践能力,可通过积极参与各种展览和竞赛来全面提高学生的综合素质。可寻找适合学生参与的展览和竞赛作为项目课题,通过以赛代训、以展代练的方式使学生在真实、竞争和严格的环境中得到锻炼,提高学生的创新意识和创新能力。

1.5　城乡规划专业实践教学的基本内容和主要形式

1.5.1　基本内容

城乡规划专业实践的基本内容包括认识调研、规划设计和规划管理 3 个方面。其中认识调研包括社会调查、居住区认识调查、城乡认识调查以及结合规划设计课程的调研等;规划设计包括城乡总体规划、城乡详细规划、城市设计和毕业设计(论文)等;规划管理包括规划管理的内容、规划审批的程序与要求等。

1.5.2　主要形式

一般来讲,城乡规划专业实践教学包括社会实践、课程实验、课程设计、专业实习、毕业设计(论文)和创新实践 6 种形式。在时间上,实践教学基本是全程化,即从大学一年级贯穿到大学五年级,做到大学五年实践环节不间断。在层次或阶段性上,实践教学可分为基础技能(如美术基础实验)、专业技能(如规划设计 CAD)、综合应用能力(如城市总体规划和创新能力)、毕业设计等。

1)社会实践

社会实践主要包括公益劳动、社会调查、社会服务、军事训练、入学教育、读书报告等,同时也包含各种社团活动,如大学生"三下乡"活动,各种艺术展演活动等。社会实践教学重点培养学生的人文素质和身体素质,主要在公共课程中开设。

2)课程实验

课程实验是指与理论课衔接的各种实验以及独立设置的实验课,如每一门理论课程所含的课内课外实验、上机操作等,也包括学生自行设计的综合实验。课程实验一般包括多个实验项目,实验项目的类型主要包括演示性实验、验证性实验、综合性实验、设计性实验和研究创新性实验 5 种。演示性实验是指由教师或实验技术人员操作,学生观摩并记录实验现象和结果的实验。验证性实验是指学生经过本课程或一个阶段的学习,需通过实验过程或实验结果验证有关原理、方法、过程或结果的科学性实验。综合性实验是指学生经过一个阶段多门理论课和实验课的学习与训练,综合运用所学知识和技能,完成一定实验内容的实验。设计性实验是指学生根据实验项目要求,运用所学知识,自行确定实验方案(包括选择实验方法和步骤、选用仪器设备等),独立操作完成实验过程,写出实验报告,并进行综合分析的实验。研究创新性实验是指在导师的指导下,自主进行研究性学习,自主进行实验方法的设计、组织设备和材料、实施实验、分析处理数据、撰写总结报告等工作。

本书的课程实验共计 255 学时,主要在专业必修课中开设,实验类型以设计性实验、综合性实验和研究创新性实验为主,具体内容见表 1.4。

表 1.4　城乡规划专业实验安排

课程名称	总学时	讲课学时	实验学时	实验学时占比/%
素描(一)	56	16	40	71.4
建筑制图(B)	64	52	12	18.8
素描(二)	40	4	36	90.0
建筑设计基础(一)	64	12	52	81.3
建筑设计基础(二)	32	4	28	87.5
建筑表现(一)	32	24	8	25.0
建筑工程测量(C)	32	24	8	25.0
建筑构成	32	16	16	50.0
色彩(一)(A)	48	8	40	83.3
建筑设计原理与设计(一)(A)	64	8	56	87.5
建筑构造(一)	48	40	8	16.7
城乡规划原理(一)	32	24	8	25.0
色彩(二)(A)	48	8	40	83.3
建筑设计原理与设计(二)(A)	64	8	56	87.5
建筑摄影	24	16	8	33.3
修建性详细规划	80	24	56	70.0
场地设计	32	20	12	37.5
城乡规划原理(二)	32	24	8	25.0
城乡道路与交通(一)	48	32	16	33.3
建筑绘画表现	24	8	16	66.7
计算机辅助建筑设计 AutoCAD(A)	32	16	16	50.0
区域规划(C)	48	40	8	16.7
城市环境物理	40	32	8	20.0
城乡基础设施规划(A)	64	40	24	37.5

课程名称	总学时	讲课学时	实验学时	实验学时占比/%
城乡地理信息系统与分析	32	16	16	50.0
城乡道路与交通（二）	40	30	10	25.0
园林景观规划与设计（C）	64	32	32	50.0
城乡总体规划	80	16	64	80.0
村镇规划	32	24	8	25.0
城市设计（C）	56	24	32	57.1
控制性详细规划（A）	48	8	40	83.3
室内设计原理（B）	32	24	8	25.0
城市规划快题表现	32	4	28	87.5
总计	1 496	678	818	54.7%

3）课程设计

课程设计是一项全过程的实践性教学环节,通过课程设计可以把课程内容综合运用到设计中,了解简单项目设计的全过程,起到巩固深化、扩展及融会贯通的作用。每门课程设计都有明确的设计目的和完整的课程设计指导书,最后设计成果要通过一定的质量考核指标进行总评。此类型实践课在专业必修课、专业限选课和任选课中均有开设。课程设计涉及修建性详细规划课程设计、城乡总体规划和城市设计三门课程,可选实践学时达到 100 学时以上,见表 1.5。

表 1.5　城乡规划专业课程设计

课程名称	周数	总学时	讲课学时	设计学时	设计学时占比/%
修建性详细规划课程设计（1）	1	20	2	18	90.0
城乡总体规划课程设计（2）	2	40	4	36	90.0
城市设计课程设计（2）	2	40	4	36	90.0
总计		100	10	90	90.0

4）专业实习

专业实习是为了了解某种技术或工作方法而进行的实际演练活动,即学生在校内外教师的指导下,从事模拟或实际的工作,以获得有关的知识和技能,养成独立工作能力和职业心理品质,具体见表 1.6。

表 1.6　城乡规划专业实习安排

课程名称	实习周数	备注
素描写生（1）	1	
工程测量（1）	1	
色彩写生（2）	2	

续表

课程名称	实习周数	备注
规划认识实习(1)	1	
城乡社会综合调查(2)	2	
设计院业务实践(15)	15	
毕业实习(3)	3	
毕业设计(12)	12	
总计	37	

5)毕业设计(论文)

毕业设计(论文)是指在教师的指导下,选定符合城乡规划专业培养目标且具有一定理论意义或实践价值的题目,综合运用所学的主要理论、知识、技术,并结合社会实践,依据课题结果完成的论文。毕业论文(设计)具有很强的理论研究性质和实践过程。本环节特别强调题目的真实性和前沿性,通过毕业论文(设计)过程中的技术应用、技术创新、团队协作和社会实践有效提升学生的综合素质。

6)创新实践

创新实践包括各种大奖赛、科学研究项目、科技活动,如大学生创新实验项目、数学建模竞赛、规划设计竞赛、社会调研竞赛以及校内设置的各种科技竞赛、科技制作与发明以及着重培养学生的团队合作能力、项目管理能力以及技术研发创新能力,全面提高学生的综合素质。

1.6 城乡规划专业实践教学方法与学习方法

1.6.1 教学方法

教学方法是指在教学过程中,教师对学生施加影响,把科学知识和技能传授给学生并培养能力、发展智力,形成一定的道德品质和素养的具体手段。高校传统的教学方法有课堂教学法、现场教学法、科研训练法、自学(或自习)教学法等。随着科学技术的发展和社会对于人才需求的变化,传统的封闭式、验证型、参观型、以教师为主的实践教学方法已远远不能适应当前人才培养的要求,实践教学方法的改革一直在积极地探索和努力地前行。对于城乡规划专业实践教学中的教学方法而言,为了"授人以渔",启发和培养学生的创新实践能力,加强专业职业道德、社会责任心与价值观教育,东南大学探索出了"责任响应,效率平衡"的教学优化模式,同济大学则进行了"以方法论为导向、注重知识综合运用的毕业设计教学实践"的改革。总体而言,依据不同的教学内容和培养阶段,实践教学中教学方法大致有下述几类。

1)开放式教学

开放式教学是相对于传统的封闭式教学而言的,是建立在建构主义理论基础之上的一种教学方法,具体包括教学观念的开放、教学内容的开放、教学目的和过程的开放、教学空间的开放以及教学评价体系的开放。它强调学习活动是学生的主体性建构行为,通过与环境交互作用而不断建构内心。陈义勇(2014)认为,开放式教学模式立足于学生个体的自我构建,将学生作为教学活动的主体,包含多元的教学目标、开放的教学环境以及丰富的教学情境设计,目的在于开发学生的创造潜能,培养学生的自主学习能力、创新意识和实践能力。城乡规划学科是与社会生活紧密联系的一门学科,开展开放式教学更加具有独特的社会需求和现实意义。如深圳大学在"城市规划社会调查"实践课程中应用开放式教学,效果良好。

2)体验式教学

捷克教育家夸美纽斯在《大教学论》中指出:"一切知识都是从感官开始的。"这说明直观可以使抽象的知识具体化、形象化,从而有助于学生感性知识的形成。体验式教学是指根据学生的认知特点和规律,通过创造实际的或重复经历的情境和机会,呈现或再现、还原教学内容,使学生在亲历的过程中理解并建构知识、发展能力、产生情感,生成有意义的教学观和教学形式。为此,教师可以从实践教学的需要出发,引入或创造与教学内容相适应的具体场所或空间,再带领学生进行现场体验,从而使学生感受"场所"氛围,产生探索欲望和逻辑联想,并获得实践知识。如深圳大学采用的"以故事认知城市"的教学方式,就是较好的体验式教学模式。他们以故事为切入点,将总规层面的规划前期调研的教学内容与学生日常生活和观察的经历紧密结合,让学生不仅通过文字、数据、图表、照片等方式收集到第一手资料,还通过眼睛和心灵去观察和认识城市,进而培养学生综合分析问题与解决问题的研究创新能力。

3)研究式(或专题研究式)教学

研究式教学法源于早期的德国大学,是培养研究生的主要教学方法。它的目的在于引导学生提出问题、讨论问题、解决问题的机会。随着人才培养要求和质量的不断提高,研究式教学方法在本科生培养中已应用广泛。研究式教学大体可分为两个阶段:一是探索研究阶段,包括确定课题、查阅资料或现场调查、分析研究、撰写研究报告等;二是报告研讨阶段,包括小组讨论、班级汇报、教师总结或评价等。卢德馨(2004)认为:"研究式教学模式在注重知识传授的同时注意着力培养探索精神和创造能力,把科学素养、科学思维、科学道德、评价能力、批判精神、合作精神、敬业精神、严谨作风结合到教学中去。"

1.6.2 学习方法

学习方法可以定义为:学习者在一定的情境下,针对一定的学习任务,依据学习的一般规则,主动地对学习的程序、工具及方法进行有效的操作,从而提高学习质量和效率的一种操作系统。孔子在《论语》中说:"学而时习之,不亦乐乎。"亚里士多德在《形而上学》中指出:"求知是人类的本性。"这充分说明,学习与生俱来,是人本性之一。

如何使学生学会"学习"是当前高校教育改革的重点之一。城乡规划专业的实践教学按场所分为校内和校外,按内容分为课堂实验、课程设计、专业实习、社会调查、毕业设计(论文),按性质分为基础、专业、综合、创新,从实践的时间分有 1~2 个学时的和一整个学期的。因此,其学习方法不可能统一标准,更多的是因人而异。城乡规划专业的学生要适应未来社会及市场需要,成为一个合格的规划人才,在实践教学的学习中就必须掌握以下几点。

1)课堂实验的学习方法

(1)实验预习

预习是做好课堂实验的保证。由于实验是在一定的理论指导下进行的,预习时除了解实验任务书外,还必须复习相应的理论。只有从理论的高度搞清楚实验的目的和方法,才能在实验过程中观察得更仔细,分析得更深入。

对预习的基本要求:了解实验的目的、要求和基本原理;熟悉实验所采用的方法、步骤和所需要使用的工具、仪器设备及其注意事项等;运用已学过的理论和实验知识尽可能地分析估计可能出现的现象和成败的关键。

(2)实验操作中,大胆动手、规范操作

实验操作是实验的中心环节。为做好实验操作,学生应做到以下几点:

①注意教师讲解和提示。课堂实验中,学生是主体。实验课上教师的讲解不多,往往是学生在预习时产生的疑难或容易忽视的关键问题、关键设备的使用方法及安全方面的知识等。因此,同学们要集中精力听讲,不要急于动手。

②大胆假设,科学求证。实验过程中,按照实验任务书的基本要求,在明确实验目的、实验内容、操作步骤和相关要求的基础上,学生应大胆动手、规范操作。一方面,要敢于假设;另一方面,要细致求证。城乡规划的主要目的是解决城乡在未来发展道路上可能会遇到的社会问题、经济问题、环境问题和空间问题等,未来有许多不确实性,因此城乡规划本身就是建立在大胆假设与科学求证的基础上的。以下两种倾向应该避免:一是不敢动手,畏首畏尾,没有信心、怕出问题;二是顾此失彼或盲目尝试。

③仔细观察、积极思考。观察和思考是做好实验的最重要的环节。要有目的、有意识地培养自己的观察能力,注意从观察中了解问题的本质,同时要注意独立地应用所学的理论来分析、解决实验中出现的问题。为了更好地观察,要根据实验内容明确观察的目的,确定怎样观察,合理安排观察顺序,对不同的观察对象提出不同的观察要求。观察时,应注意有意识地培养自己持久而稳定的注意能力,留心细节和意外现象。很多科学发现都来自高度集中的注意力和对细节的观察。达尔文在总结自己的成就时说:"我既没有突出的理解力,也没有过人的机智,只是在觉察那些稍纵即逝的事物并对其进行精确的观察的能力上,我可能在众人之上"。

在观察的同时,要积极思考,防止"照方抓药"、"机械模仿"、知其然而不知其所以然的错误学习方法。克服思想上的懒惰,努力抓住事物的主要特征,撇开次要因素的干扰,分析现象所掩盖的事物本质。不满足于现有的结论,尊重科学事实,不要只凭主观推测。

(3)规范成果表达

城乡规划的成果表达均有相应的技术规范和标准。实验之后,要分析和处理实验结果,书写实验报告,这是实验课学习的重要组成部分,也是每个学生必须具备的一种能力。实验报告应按此要求去写,书写要整洁,语言要简练。在书写实验报告时应注意以下几点:

①正确处理数据,获得合理的结果。将实测数据按一定规则排列,分析其合理性和平行程度等。如有明显的离散数据,则要求更仔细地分析,明显属于错误测定的(即过失误差)要加以剔除,有时要重新测量。无论是保留还是剔除这些数据,都要有所依据。

②真实的记录是正确分析实验结果的基础,不允许离开实验写"回忆录"式的报告,凑数据,想当然等。

③在正确分析和处理实验数据和现象的基础上,找出规律性的东西,总结实验的结果,提出自己的见解。如果实验不完全成功或完全失败,要重视分析失败的原因,在教师的帮助

下,弄清楚影响实验的各种因素,区分主次,找出实验失败的主要原因,争取重做实验时取得成功。这对提高思维能力,激发求知欲,培养求实的作风都是有好处的。

2)课程设计的实习方法

课程设计是综合实践教学,是在学生经过一定的基础实验训练之后,针对一门或几门课程有关的理论知识,并利用在实验课中已掌握的实验技能,来解决较为综合的实际工程技术问题,进一步提高分析、运算、制图和使用技术资料以及计算机解题能力的重要环节。通过课程设计,使学生树立正确的设计思想、工程技术方法和科研方法。

(1)详解课程设计任务书,制订工作计划

课程设计任务书是课程设计的主要依据。同学们在接到任务书后,要详细了解任务书中的设计目的、依据、内容和基本要求,尤其要细化设计内容,并弄清楚与设计内容有关的知识和要求。如在防灾减灾工程规划中,要进一步细分为消防工程、防洪工程、人防工程、工程地质灾害防治等,以及与之相关的知识和内容。在详解任务书的基础上,要根据任务的轻重、大小、难易、前后等进一步制订详细的工作计划和时间安排,以提高工作效率,加强工作的有序性。

(2)强化现场调查和案例收集,重视案例分析与学习

现场调查和资料收集是课程设计的基础。一方面,通过现场调查可以了解场地状况、周边环境、制约因素或条件,可以快速明确设计所需要解决的主要问题;另一方面,通过案例的收集、分析与学习可以感性地认识本课程设计的内容、形式以及成果表达方式,可以快速地得到启示,少走弯路。

(3)了解并用好国家技术规范与标准

城乡规划国家技术规范和标准既是城乡规划行政管理的需要,也是确保城乡规划科学、合理和规范的需要。由于课堂教学多以理论学习为主,对于国家技术规范和标准的理解和掌握只能放在课程设计中去完成。因此,课程设计中,同学们应该在老师的指导下学会查阅、遵守和运用国家技术规范和标准。

3)认识实习的学习方法

城乡规划认识实习在于使学生通过参观和访谈等形式,对城乡空间与环境有一定感性认识,并积累一定的社会经验和经济常识,从而促进后续的理论课程的学习,同时也帮助大家认识国情,熟悉自己所学的专业,增强事业心和责任感。

(1)明确目的、任务和要求

实习开始前,教师会专门给学生讲解实习的目的、任务和要求。对学生来说,实习前一定要认真预习教材和指导书,明确自己在实习中要干什么,怎么干,达到什么目的,这样,来到实习现场后,就能很快熟悉周围的环境,产生一种跃跃欲试的感觉,而且一旦动手干起来也是胸有成竹,能够顺利完成任务,取得较大收获。相反,如果没有很好地预习实习内容,在时间有限的情况下,在实习现场就会找不到目标和重点,也不能有序、高效地完成实习任务。

(2)从专业的角度认真观察、主动学习

在实习现场,面对林立的建筑、穿行的车辆、流动的人群、繁忙的街道等,学生一定要主动地、从专业的角度认真地观察,如从用地功能、空间结构、规划布局、交通组织、建筑风貌、城市特色等方面来学习和观察。要认真思考和分析呈现在你面前的城市景观的现实意义和

存在的问题。实习与课堂教学完全不同,没有教师按部就班地进行讲授,谁的积极性高、主动性强,谁的收获就大。

(3)认真做好总结,写好实习报告

一般来说,学生在实习中得到的是一些零碎的、具体的、互不关联的感性材料,其意义并不大。因此必须把这些材料同已经掌握的理论知识结合起来,在这个基础上进行深入分析,把所学的知识系统化、理论化,把感性认识变为理性认识。也就是说,在实习结束以后一定要做好总结工作,写好实习报告。

4)社会调查的学习方法

城乡规划的社会调查活动多种多样,有专业性的也有素质拓展性的,有受委托进行的也有自定的,但均是学生的实践教学环节之一,是培养合格人才的重要手段之一,是引导学生走与社会需要相结合的道路的重要途径。

在社会调查中要求学生做好以下工作:

首先,在思想上要重视。社会调查是锻炼思想、检验专业学习效果的极好机会,在调查中要树立吃苦耐劳和团队协作精神,要虚心向专业技术人员和社会各阶层群众学习。其次,要学习调查方法和技巧。在调查之前,要针对调查方法和调查内容,充分做好人力、物力和财力的准备,要有事件预案和可能的解决办法。再次,要提出自己的观点,实事求是,不要人云亦云。要尊重客观事实,要培养科学态度。最后,要尽力使调查报告收到实际效益,把改造客观世界和主观世界结合起来。

第2篇
课程实验

第2章 素 描

2.1 课程实验概述

2.1.1 本课程实验的作用与任务

本课程是城乡规划专业的专业必修课(专业基础课)。通过课程实验,让学生了解素描写生造型的基本概念、基本理论、基本法则。培养学生具有专业所需要的造型艺术的敏锐的视觉观察力(掌握科学的观察方法、观察内容及较强的造型理解力、判断力)和严谨的造型表现力(重点掌握正确的写生步骤、写生方法及结合专业要求的表现技巧)。培养学生具有一定的造型记忆力和创造性的徒手表现力。为色彩写生教学打好必要基础。开阔艺术视野、加强艺术素养、提高艺术修养。

2.1.2 实验教学的目的和要求

素描是造型艺术的基础。本课程的教学目的旨在通过临摹分析与写生练习相结合的办法,培养学生正确分析形体、结构和空间美术体系的能力,训练学生扎实的造型基本功,并在艺术实践中逐步培养和发展审美能力和审美意识。学生必须在学习过程中掌握素描写生的一般步骤、方法和造型语言,同时通过理论学习和观摩提高素描应用基础理论的水平,为以后进一步学习城乡规划专业与建筑学专业以及从事设计工作打下坚实基础。

①树立体积观念,掌握立体描绘的方法与技能;学会从形体结构的体面关系去认识表面现象。变平面认识为立体认识,变平面表现为立体表现。

②掌握正确的观察判别方法,提高对比例的判断能力。正确的比例观察方法应是从整体到局部,从局部再回到整体,先定大比例关系,再定小比例关系,小比例关系服从大比例关系。

③掌握造型语言,提高素描造型的表现力。在视觉形象的所有造型因素中,物体的形状、结构、空间、明暗等都必须通过线条、色调才能表现为画面的视觉形象。线条与色调是素描中最基本的造型语言。

④掌握分析与整合方法,提高造型的概括力。素描训练中,要掌握造型素描的分析与综合方法,有意识地锻炼和提高造型素描的概括力。就是要坚持速写、默写训练,培养速度捕捉对象特征和善于提炼、取舍并予以概括表现的能力。

⑤使用多种素描工具,提高驾驭工具的技巧。熟悉并掌握多种素描工具及其性能,充分运用不同工具的表现特征和形式去塑造形象。

2.1.3 本课程实验教学项目与要求

本课程的实验教学项目与要求见表 2.1。

表 2.1 素描课程实验教学项目与要求

序号	实验项目名称	学时	实验类别	实验要求	实验类型	每组人数	主要设备名称	目的和要求
1	石膏几何模型结构素描临摹	8	专业基础	必修	验证	1	画板、画纸（素描纸或绘图纸）、画笔（铅笔、炭笔、炭精条等）、美工刀、夹子、橡皮、透明胶、图钉、定着液等	把握形体的结构、比例、透视与构图等能力
2	石膏几何模型结构素描写生	8	专业基础	必修	综合	1	画板、画纸（素描纸或绘图纸）、画笔（铅笔、炭笔、炭精条等）、美工刀、夹子、橡皮、透明胶、图钉、定着液等	把握形体的结构、比例、透视与构图等能力
3	石膏几何模型明暗素描临摹	8	专业基础	必修	验证	1	画板、画纸（素描纸或绘图纸）、画笔（铅笔、炭笔、炭精条等）、美工刀、夹子、橡皮、透明胶、图钉、定着液等	把握石膏几何形体的明暗描写能力
4	石膏几何模型明暗素描写生	8	专业基础	必修	综合	1	画板、画纸（素描纸或绘图纸）、画笔（铅笔、炭笔、炭精条等）、美工刀、夹子、橡皮、透明胶、图钉、定着液等	在把握形体的结构、比例、透视与构图等能力的基础上，训练学生的明暗描绘能力
5	静物结构素描写生	8	专业基础	必修	综合	1	画板、画纸（素描纸或绘图纸）、画笔（铅笔、炭笔、炭精条等）、美工刀、夹子、橡皮、透明胶、图钉、定着液等	熟悉静物结构的表现方法，把握静物的结构、比例、透视与构图等能力
6	静物明暗素描写生	8	专业基础	必修	综合	1	画板、画纸（素描纸或绘图纸）、画笔（铅笔、炭笔、炭精条等）、美工刀、夹子、橡皮、透明胶、图钉、定着液等	熟悉静物明暗的表现方法，把握静物的结构、比例、透视与构图等能力

续表

序号	实验项目名称	学时	实验类别	实验要求	实验类型	每组人数	主要设备名称	目的和要求
7	超写实素描（质感训练）	8	专业基础	必修	综合	1	画板、画纸（素描纸或绘图纸）、画笔（铅笔、炭笔、炭精条等）、美工刀、夹子、橡皮、透明胶、图钉、定着液等	训练细致刻画表现物体质感的能力
8	意向素描	8	专业基础	必修	综合	1	画板、画纸（素描纸或绘图纸）、画笔（铅笔、炭笔、炭精条等）、美工刀、夹子、橡皮、透明胶、图钉、定着液等	训练形式美感抽取分析的能力
9	速写临摹	8	专业基础	必修	验证	1	画板、画纸（素描纸或绘图纸）、画笔（铅笔、炭笔、炭精条等）、美工刀、夹子、橡皮、透明胶、图钉、定着液等	掌握建筑风景的构图描写能力，为以后积累资料和设计构思锻炼技能
10	速写写生	8	专业基础	必修	综合	1	画板、画纸（素描纸或绘图纸）、画笔（铅笔、炭笔、炭精条等）、美工刀、夹子、橡皮、透明胶、图钉、定着液等	掌握建筑风景的构图描写能力，为以后积累资料和设计构思锻炼技能

2.2　基本实验指导

实验一　石膏几何模型结构素描临摹

1）实验目的

掌握形体的结构、比例、透视与构图等能力。

2）实验器材

①教材和范画；

②其他工具：8开绘图纸或素描纸、画笔、图钉、透明胶、铅笔、橡皮、美工刀、夹子等。

3）实验说明

①构图均衡，画面整洁；

②比例准确、透视准确。

4）实验内容和步骤

①分析范画（图2.1、图2.2）分析其内部结构的表达方式，辅助线的由来，立体效果的表达；

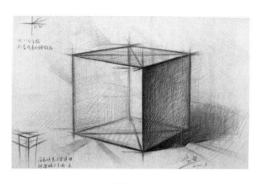

图2.1

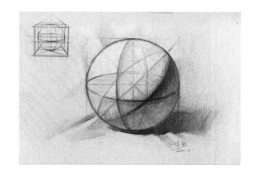

图2.2

②打草稿:如图2.1的左上下角,通过小草图推算出石膏体的作画步骤;

③构图:注意上窄下宽左右适中;

④刻画:注意线条要挺拔,避免出现丁字线、抖线等,线条的排练尽量做到整齐;

⑤修改:注意石膏体立体效果的表达,线条是否有虚实关系。

5)实验报告要求

①交临摹的画作:除上课临摹之外还需临摹两张不同类型几何石膏体。

②填上自己的姓名等。

6)实验注意事项

①注意排线的相关问题,如图2.3至图2.7所示;

图2.3 侧锋排线

图2.4 横排线

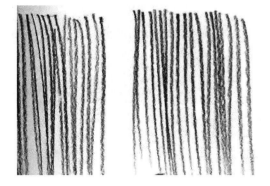

图2.5 竖排线

图2.6 擦后排线

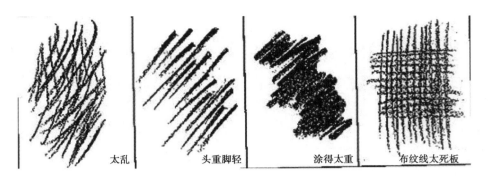

图2.7　几组线条常见的错误

②临摹不一定一模一样,但要有主观的东西;

③不要损坏画室中的设备。

实验二　石膏几何模型结构素描写生

1)实验目的

掌握形体的结构、比例、透视与构图等能力。

2)实验器材

①画室中的公共用具:画架、静物、衬布、石膏、灯具等;

②其他工具:8开绘图纸或素描纸、画笔图钉、透明胶、铅笔、橡皮、美工刀、夹子等。

3)实验说明

①构图均衡,画面整洁;

②比例准确、透视准确。

4)实验内容和步骤

①分析石膏的摆放:找到能体现该石膏体特点的角度,如正侧面俯视(图2.8);

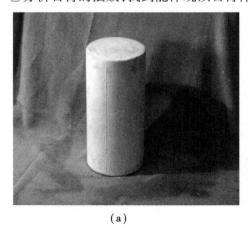
（a）

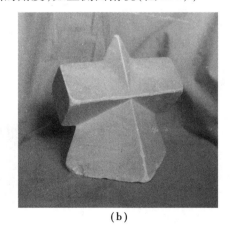
（b）

图2.8　石膏的摆放

②打草稿:分析石膏体的结构和透视,如圆柱体由长方体切割而成、十字锥由长方体和锥体穿插而成;

③构图:注意上窄下宽左右适中;

④刻画:注意线条要挺拔,避免出现丁字线、抖线等,线条的排练尽量做到整齐;

⑤修改:注意石膏体立体效果的表达,线条是否有虚实关系。

5)实验报告要求

①交写生的画作;

②写心得体会等。

6)实验注意事项

①要先分析透视结构、选角度;

②注意线条的挺拔感表现;

③不要动老师摆的静物及破坏画室中的设备;

④学会量比例的方法,学会把物体看作透明的。

实验三　石膏几何模型明暗素描临摹

1)实验目的

掌握石膏几何形体的明暗描写能力。

2)实验器材

①画室中的公共用具:画架、静物、衬布、石膏、灯具等;

②其他工具:8开绘图纸或素描纸、画笔、图钉、透明胶、铅笔、橡皮、美工刀、夹子等。

3)实验说明

①构图均衡,画面整洁;

②比例准确、透视准确;

③分析原作品的明暗层次及表现技法。

4)实验内容和步骤

①分析原作品(图2.9)的明暗层次及表现技法:分析光源的方向,分析三大面、五大调子;

(a)

(b)

图2.9　临摹作品

②打草稿:主要是结构方面的草稿;

③构图:注意上窄下宽左右适中;

④刻画:注意明暗的表达方式,以面为单位,处理面与面之间的关系;

⑤修改:看画面整体效果。

5)实验报告要求

①交临摹的画作:除课堂临摹之外还需临摹两张不同类型几何石膏体;

②写心得体会等。

6)实验注意事项

①要先分析光源、选作品角度找透视关系;

②五大调子的刻画注意投影和反光,这两点容易被忽略;

③临摹不是简单地照抄,而是学习范画处理画面的技巧;

④不要动老师摆的静物及破坏画室中的设备。

实验四 石膏几何模型明暗素描写生

1)实验目的

掌握形体的结构、比例、透视与构图等能力的基础上,训练学生的明暗描绘能力。

2)实验器材

①画室中的公共用具:画架、静物、衬布、石膏、灯具等;

②其他工具:8开绘图纸或素描纸、画笔、图钉、透明胶、铅笔、橡皮、美工刀、夹子、定着液等。

3)实验说明

①构图均衡,画面整洁;

②比例准确、透视准确;

③黑白灰大的关系准确,有一定的虚实对比。

4)实验内容和步骤(图2.10)

①分析摆放的石膏。

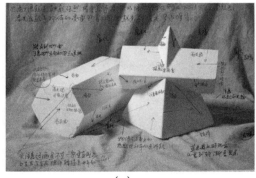

（a） （b）

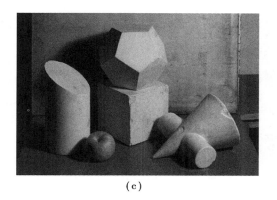
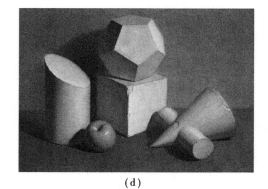

（c） （d）

图 2.10 石膏明暗素描写生

②打草稿；

③构图：注意上窄下宽左右适中，各个物体之间的关系；

④画大关系：定出画面黑白灰色调；

⑤刻画：主要刻画五大调子，明暗交界线是重点；

⑥修改：画面整体效果。

5）实验报告要求

①交写生的画作，交之前可以喷定着液；

②写心得体会等。

6）实验注意事项

①要先分析、选角度，再构图、画大的明暗关系；

②注意物体之间的前后关系；

③要有一定的创新；

④不要动老师摆的静物及破坏画室中的设备。

实验五　静物结构素描写生

1）实验目的

熟悉静物结构的表现方法，掌握静物的结构、比例、透视与构图等能力。

2）实验器材

①画室中的公共用具：画架、静物、衬布、石膏、灯具等；

②其他工具：4开绘图纸或素描纸、画笔、图钉、透明胶、铅笔、橡皮、美工刀、夹子、定着液等。

3）实验说明

①构图均衡，画面整洁；

②比例准确、透视准确；

③有一定的虚实对比。

4）实验内容和步骤（图2.11、图2.12）

①分析摆放的静物：分析摆放的静物由哪些部分组成，要有透明的概念，简单区分出亮面和暗面。

图2.11 静构结构素描写生(一)　　　　图2.12 静构结构素描写生(二)

②构图:注意上窄下宽左右适中;

③刻画:从大形体关系开始再画细节,注意结构的穿插、圆透视,找出明暗交界线,注意线条的虚实表现立体感;

④修改:注意画面整体效果。

5)实验报告要求

①交写生的画作;

②集体讨论、发表意见等。

6)实验注意事项

①要先分析静物的结构穿插关系、选角度;

②线条虚实关系:近实远虚、转折处实非转折处虚,明暗交界线实;

③对于罐口、罐底的透视要注意分析比较,圆透视弧度从上到下逐渐变大;

④把物体看空和看透。

实验六　静物明暗素描写生

1)实验目的

熟悉静物明暗的表现方法,掌握静物的结构、比例、透视与构图等能力。

2)实验器材

①画室中的公共用具:画架、静物、衬布、石膏、灯具等;

②其他工具:8开绘图纸或素描纸、画笔、图钉、透明胶、铅笔、橡皮、美工刀、夹子、定着液等。

3)实验说明

①构图均衡,画面整洁;

②比例准确、透视准确;

③有一定的虚实对比。

4)实验内容和步骤(图2.13)

①分析摆放的静物:分析摆放的静物结构关系,静物之间的前后关系及固有色的对比关系;

②打草稿。

③构图:作出结构图,标出明暗交界线及投影位置。

④画大的明暗关系:从大的黑白灰关系开始,找出明暗交界线,仔细刻画五大调子。

⑤刻画:仔细地分析画面各个组成部分的黑白灰关系。

⑥修改:注意画面整体效果。

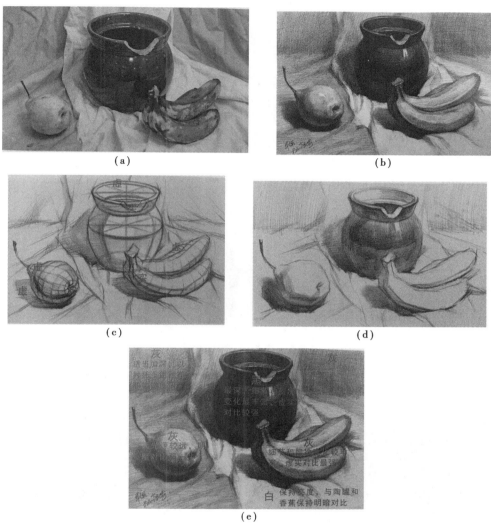

图 2.13　静物明暗素描写生

5)实验报告要求

①交写生的画作,交之前可以喷定着液;

②集体讨论、发表意见等。

6)实验注意事项

①要先分析画面构图及透视关系、画面固有色对比、选适合的角度;

②注意对画面中主次关系,主要刻画主体物,衬托物件可概括画;

③对于罐口、罐底的透视要注意分析比较,圆透视弧度从上到下逐渐变大;

④要有一定的创新、多与同学讨论比较;

⑤不要动老师摆的静物、不要破坏画室中的设备。

实验七　超写实素描(质感训练)

1）实验目的

训练细致刻画表现物体质感的能力。

2）实验器材

①4开绘图纸或水粉纸(水彩纸)；

②绘画工具：颜料、画笔、纸张、调色盒、笔洗、海绵、画板(画夹)、图钉、透明胶、铅笔、橡皮、美工刀、夹子等,并准备需参考的教材,每人一份工具。

3）实验说明

①构图均衡、形体准确、画面整洁、笔触细腻、整体关系统一、质感明显；

②将物体的细部放大来描绘；

③可以局部地描绘物体的细微的质感。

4）实验内容和步骤

①先对静物组合(图2.14)观察理解,再取景构图、深入刻画,最后再进行调整；

图2.14　静物组合

②局部放大描绘；

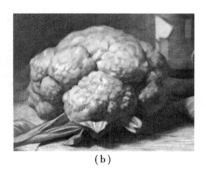

（a）　　　　　　　　　　　　　　　　　（b）

图2.15　静物局部放大

③细致刻画质感：平滑的物体要用细腻的细线来刻画,粗糙的物体要用交叉的粗线来表现,表现金属的线条要画得坚硬,表现轻柔对象的线条要画得柔软、飘逸；

④最后调整修改。

5）实验报告要求

①交写生的画作；

②可以带创作的形式来表达。

6）实验注意事项

①范围不要画得太宽;

②注意背景与主体虚实关系;

③学会概括、取舍和夸张。

实验八　意向素描

1）实验目的

训练形式美感抽取分析的能力。

2）实验器材

① 4 开绘图纸或水粉纸（水彩纸）;

②绘画工具:颜料、画笔、纸张、调色盒、笔洗、海绵、画板（画夹）、图钉、透明胶、铅笔、橡皮、美工刀、夹子等,并准备需参考的教材,每人一份工具。

3）实验说明

①打破常规,进行视觉想象;

②简化与抽离;

③形象重组。

4）实验内容和步骤（图 2.16）

①观察想象:针对一个物体,列举出它 10 种不同的状态,作草图;

②形象抽离:在原本的形象基础上使之抽象图案化,作草图;

③构思构图:将草图中可取的部分组合起来形成完整的构图;

④深入刻画:注意画面的黑白灰主次关系;

⑤调整修改。

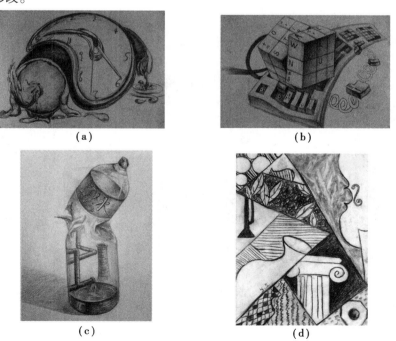

（a）　　　　　　　　　　（b）

（c）　　　　　　　　　　（d）

图 2.16　意向素描

5）实验报告要求

①交创作的画作；

②不能太抽象。

6）实验注意事项

①有变形、夸张或重构；

②讲究一定的构成形式；

③表现语言要单纯。

实验九　速写临摹

1）实验目的

掌握建筑风景的构图描写能力，为以后积累资料和设计构思锻炼技能。

2）实验器材

①8 开绘图纸或水粉纸（水彩纸）；

②绘画工具：颜料、画笔、纸张、调色盒、笔洗、海绵、画板（画夹）、图钉、透明胶、铅笔、橡皮、美工刀、夹子等，并准备需参考的教材，每人一份工具。

3）实验说明

①先临摹单体建筑、再临摹风景（图 2.17）；

②掌握大的动态或结构关系，不要求很细腻；

③既可用结构的画法，也可以用明暗的画法。

4）实验内容和步骤

①短时间内抓住物体大的结构关系；

图 2.17　建筑此景

②以局部入手：从建筑暗部开始刻画；

③再刻画背景衬托建筑；

④可先画画室中的某个角落或室内环境，最后到校园里画风景。

5）实验报告要求

①交临摹的画作；

②要求交至少5张实验作业。

6）实验注意事项

①不要求画得很充分，注意主次关系的把握，一般以建筑为主体进行刻画，配景为树、山、天空等概括画；

②先静后动，先简单后复杂，先人物后风景；

③随时积累素材，为以后的设计和创作打下基础。

实验十 速写写生

1）实验目的

掌握建筑风景的构图描写能力，为以后积累资料和设计构思锻炼技能。

2）实验器材

①8开绘图纸或水粉纸（水彩纸）；

②绘画工具：颜料、画笔、纸张、调色盒、笔洗、海绵、画板（画夹）、图钉、透明胶、铅笔、橡皮、美工刀、夹子等，并准备需参考的教材，每人一份工具。

3）实验说明

①先观察实景（图2.18）的组成部分，确定主体物和配景及构图；

②掌握大的动态或结构关系，不要求很细腻；

③既可用结构的画法，也可以用明暗的画法。

4）实验内容和步骤（图2.19）

图2.18 速写实景

①短时间抓住物体大的结构关系；

②可以从局部入手；

③绘画时一气呵成；

④最后检查画面整体效果。

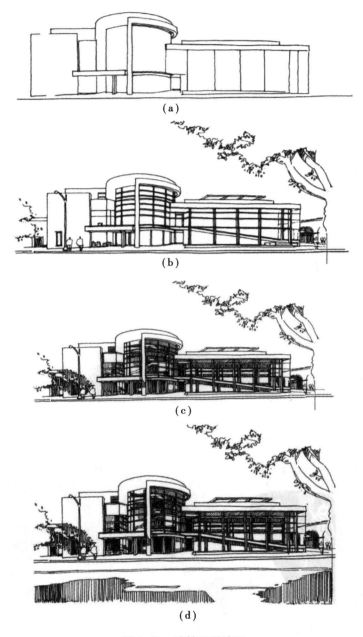

图 2.19　建筑风景速写

5）实验报告要求

①交写生的画作；

②要求交至少 5 张实验作业。

6）实验注意事项

①不要求画得很充分，但画面要分清主次关系，主体重点刻画，次要配景概括画；

②先静后动、先简单后复杂、先人物后风景；

③随时积累素材，为以后的设计和创作打下基础。

第 3 章 建筑设计基础

3.1 课程实验概述

3.1.1 本课程实验的作用与任务

建筑设计基础课程是城乡规划专业的专业必修课,也是城乡规划的专业核心课。通过授课使学生对建筑的基本知识有初步了解,对建筑的本质和中外古典建筑及我国传统民居的主要特征有初步了解;通过和反复的作业练习,掌握建筑设计表现的常用技法;重点掌握渲染方法,为今后建筑和规划设计打下坚实而牢固的基础。

3.1.2 实验教学的目的和要求

《建筑设计基础》实验课程的内容是从基本的线条练习到能初步完成小品建筑的设计。目的是通过对实践课题的练习,熟练完成设计基础的技能(线条、渲染等)训练;掌握小型建筑设计的方法和步骤;培养学生具有对设计资料和信息的获知能力;掌握建筑设计的正确图示方法和技术;培养学生建筑设计构思的手绘表达能力。锻炼学生在建筑设计时的创新思路、分析问题和解决问题的能力;培养学生严谨认真、实事求是的科学态度。

教学要求:

①掌握建筑设计表现的常用技法和表达方式;

②掌握通过模型对设计进行分析的方法;

③初步了解建筑设计的原则,掌握一些小型建筑的分析原理,形成功能分区的意识;

④培养初步的对设计资料和信息的获取能力,以及对设计因素的分析、筛选和综合能力;

⑤掌握建筑功能分区分析,室内外环境的多层次要求;

⑥初步建立建筑设计的法规和规范意识,并初步建立交通线路的设计概念;

⑦结合其他课程,初步学习建筑的结构、构造等知识;

⑧学习对设计的准确表达。

3.1.3 本课程实验教学项目与要求

本课程实验教学的项目与要求见表3.1。

表 3.1 建筑设计基础实验教学项目与要求

序号	实验项目名称	学时	实验类别	实验要求	实验类型	每组人数	主要设备名称	目的和要求
1	工程线条练习	4	专业基础	必修	验证	1	2 号绘图板、丁字尺、三角板、铅笔、针管笔、A4 绘图纸、擦图片、曲线板、圆规、橡皮、胶带纸、刷子、裁纸刀	学习正确使用绘图工具画铅笔、墨线线条图,掌握各类线型绘制的方法;训练学生运用仪器绘制工程线条的基本功和运用线条的变化来表现对象的方法,并熟悉建筑绘图工具的使用方法

续表

序号	实验项目名称	学时	实验类别	实验要求	实验类型	每组人数	主要设备名称	目的和要求
2	钢笔画技法表现练习	2	专业基础	必修	验证	1	钢笔、美工笔、铅笔、针管笔、水性笔、墨水、A4复印纸、橡皮、裁纸刀	了解钢笔画表现的特点，掌握钢笔徒手表达的技巧；掌握构图的基本知识，理解钢笔徒手表达的重要性；强化徒手基本功，并作为方案设计构思阶段重要的表达手段
3	水彩基本技法渲染练习	6	专业基础	必修	验证	1	绘图板、水彩纸、排刷、大号毛笔、中号毛笔、小号毛笔、水彩颜料、铅笔、橡皮、碟子、裁纸刀、水胶带、滤棉、尺	熟悉水彩渲染的基本技法：平涂、退晕、叠加；初步掌握水彩渲染的基本方法和步骤，包括过滤、运笔、作小样等
4	水彩建筑渲染练习	10	专业基础	必修	验证	1	绘图板、水彩纸、大中小号毛笔各一支、水彩颜料、碟子、铅笔、橡皮、裁纸刀、盛水容器、水胶带、调色盒	掌握水彩渲染的技法和色彩运用；重点掌握对图面层次的把握，灵活运用
5	形态构成设计	12	专业基础	必修	综合	1	针管笔、圆规、丁字尺、曲线板、铅笔、建筑模板、比例尺、橡皮、刀片、图板、模型材料、三角板、裁纸刀	培养学生具有灵活多变的形象思维能力和创造能力。熟悉基本形态要素在视觉要素和关系要素作用下的组合特点和规律
6	1:1构成设计	6	专业基础	必修	综合	1	针管笔、圆规、丁字尺、曲线板、铅笔、建筑模板、比例尺、橡皮、刀片、图板、模型材料、三角板、裁纸刀、制作模型工具（锯子、钳子等）	体验建造过程；通过对稳定和受力合理的关注，建立结构意识；小组工作，集体创造中合作意识的培养；初步建立尺度感；结合创作意图选择材料，理解材料在设计中的作用

续表

序号	实验项目名称	学时	实验类别	实验要求	实验类型	每组人数	主要设备名称	目的和要求
7	厕所抄绘方案	8	专业基础	必修	验证	1	针管笔、铅笔、橡皮、绘图纸、三角板、丁字尺、图板、纸胶带、裁纸刀	了解建筑设计的初步设计阶段,使用建筑语言表达建筑的内容与形式。了解建筑设计平、立、剖面形式及其表达方法。了解线条与字体在建筑图中的运用
8	西区校门测绘	8	专业基础	必修	综合	1	皮尺、垫板、针管笔、铅笔、橡皮、绘图纸、三角板、丁字尺、图板、纸胶带、裁纸刀	增强建筑平、立、剖面的概念;熟悉建筑配景的布局与画法;熟悉建筑测绘的步骤与方法。通过建筑测绘加强对建筑物的观察,进一步了解抽象图纸与具体实物之间的关系
9	大师作品分析	8	专业基础	必修	验证	1	针管笔、铅笔、丁字尺、三角板、自选模型制作材料和工具、图板、圆规、水彩渲染工具、裁纸刀	通过对大师代表作品的介绍与分析,对各种建筑风格和流派有初步了解;初步了解建筑的生成背景,建筑与外部环境的关系,建筑的功能与形式的关系,以及建筑空间的创作方法
10	校园食品亭设计	16	专业基础	必修	综合	1	针管笔、铅笔、丁字尺、三角板、自选模型制作材料和工具、图板、圆规、水彩渲染工具、裁纸刀	学习从建筑环境空间来思考建筑形体和空间的方法。学习解决不同大小空间和不同功能内容之间的设计问题。体验方案设计的全过程;接触设计的基本问题;简单的平面布局、空间的组织关系、结构构造方法、使用行为与空间的互动关系等。完善空间思维的能力,正确处理平、立、剖与三维空间的对应关系;正确绘制图纸,掌握建筑的平、立、剖面形式及其表达方法

3.2 基本实验指导

3.2.1 制图的基本工具

1)纸张

根据不同使用目的需要选择不同特性的纸张。

①草图纸:半透明或略透明,适于设计的练习与构思阶段,这类纸如拷贝纸、描图纸、打图纸。本课程不能用练习本、信纸等作草图等代用纸,如能买到略透明的白信纸(最好是现成的8开大小)也可准备供练习用。

②计算纸带方形网格,准备一张 35 cm×50 cm 规格的。

③绘图纸(铅画纸)▲:绘制铅笔或墨线图用。

④水彩纸:渲染图用。

2)笔

①铅笔▲:7H、6H、5H、4H、3H、2H、H、HB、B、2B、3B、4B、5B、6B 等不同规格;

②墨线笔、鸭嘴笔,若买针管笔至少要 0.2 mm、0.3 mm、0.6 mm、0.9 mm 四种规格;

③蘸水小钢笔(笔尖可多准备几个);

④其他笔:如弯头钢笔、塑料笔等;

⑤绘图墨水:碳素墨水。

3)仪器

①三角板▲:30 cm 左右的(不小于 25 cm)一副(包括 30°、60°和 45°三种);

②绘图仪▲:包括圆规、分规等;

③图板▲:1#、2# 各一块;

④丁字尺▲;

⑤比例尺▲(三棱尺):最好是 1:100、1:200、1:300、1:400、1:500、1:600 六种比例标度的;

⑥擦图片▲;

⑦橡皮▲:绘图橡皮、塑料橡皮、砂质橡皮各一块;

⑧裁纸刀▲:单面安全刀片、美工刀、双面刀片;

⑨胶带纸▲;

⑩水彩颜料。

4)渲染用品

毛笔、杯碟等。

备注:画"▲"者为第一次课必备。

3.2.2 建筑表现技法部分

建筑表现贯穿于整个城乡规划专业五年学习的过程。建筑设计基础课程所涉及的建筑表现包括徒手表现、色彩表现、模型表现和图纸表现,而表现技法的训练主要是徒手绘画技法、工具制图技法和水彩渲染技法。虽然计算机表现已经普及,但计算机表现并不在课程学习的内容中。传统技法训练不仅是高年级学生学习计算表现的基础,也是提高我们专业修养的途径。

实验一　工程线条练习

1）实验目的

①学习正确使用绘图工具画铅笔、墨线线条图，掌握各类线型绘制的方法；

②训练学生运用仪器绘制工程线条的基本功和运用线条的变化来表现对象的方法，并熟悉建筑绘图工具的使用方法。

2）实验要求

①线型要求比例正确、粗细均匀、光滑整洁、交接清楚；

②图面干净整洁，纸张裁切整齐。

3）实验内容

①实线、虚线、点画线；

②线条的加深与加粗。

4）实验工具

2 号绘图板、丁字尺、三角板、铅笔、针管笔、A4 绘图纸、擦图片、曲线板、圆规、橡皮、胶带纸、刷子、裁纸刀。

5）实验步骤

①将裁切好的绘图纸用胶带纸固定在图板上，确定无折痕、污点。

②用铅笔画底稿，铅笔线应轻而细。

③完成底稿后，经检查无误用针管笔上墨线。上墨线的步骤如下：

a. 先上后下，丁字尺一次平移；

b. 先左后右，三角板一次平移而右；

c. 先曲后直，用直线容易准确地连接曲线；

d. 先细后粗，墨线粗线不容易干，先画细线不影响制图进度。

④画完线条后再注文字、标题、边框等，完成正图。

6）实验要领

①底稿可用 H 铅笔绘制；

②遵循画图顺序：先上后下、先左后右、先曲后直、先细后粗，可加快进度，也可保证图面整洁；

③各种线条相交时交点处不可以留空隙；

④虚线、点画线的线段长度和间隔宜各自相等，如图 3.1 所示。

图 3.1　虚线、点画线画法

⑤画圆弧用圆规按顺时针作圆（右手），笔尖尽量与纸面垂直，可结合曲线板绘图。

7）注意事项

①上墨线时细线用 0.2 mm 针管笔，中线用 0.5（0.6）mm 针管笔；粗线加粗到 0.9～0.12mm；

②画线时注意轻重、粗细均匀,并注意线的交接准确;

③图中辅助线,尺寸线全部不要留正图上;

④曲线(圆弧线)和直线交接处应先画曲线再画直线相接;

⑤使用橡皮擦多余线条时注意不要将图纸表面擦毛,且可辅助擦图片擦去多余稿线。

8)范例

范例如图 3.2 所示(上交正图不标注尺寸线)。

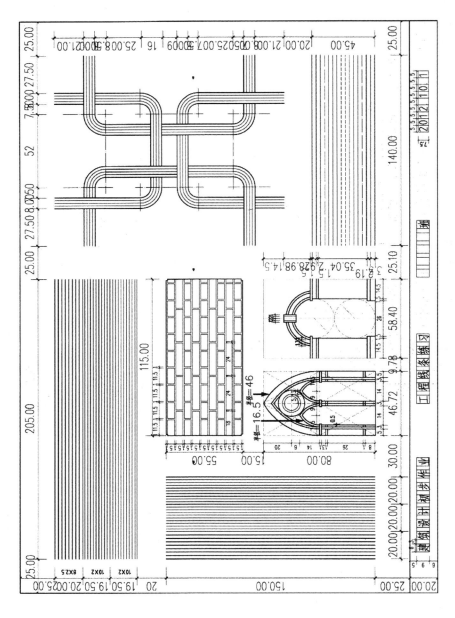

图 3.2　工程线条练习范例

实验二 钢笔画技法表现练习

1）实验目的

①了解钢笔画表现的特点，掌握钢笔徒手表达的技巧；

②掌握构图的基本知识，理解钢笔徒手表达的重要性；

③强化徒手基本功，并作为方案设计构思阶段重要的表达手段。

2）实验要求

①线条优美流畅，构图合理，表达准确；

②用钢笔线的粗细、排列以及运笔方法表达出明暗色调和材料质感；

③图面整洁，构图恰当。

3）实验内容

自选难度适中的钢笔徒手建筑绘画作品，揣摩绘画技巧，临摹完成 A4 复印纸大小徒手建筑表现图。

4）实验工具

钢笔、美工笔、铅笔、针管笔、水性笔、墨水、A4 复印纸、橡皮、裁纸刀。

5）实验步骤

①先将 A4 复印纸平铺在图板或平整桌面上；

②徒手用铅笔画出辅助线，用以确定构图和框定基本比例；

③推敲辅助点和辅助线，保证绘制作品大小在图纸中大小适宜，位置适中；

④参照原作选择合适的表现手段，可对原作进行再创作；

⑤初稿完成后，总结得失，再在初稿上进行二次修改；

⑥反复多次修改，调整构图和用笔，逐步完善并完成。

6）实验要领

①钢笔画线条按性质主要分为直线和曲线两类。这两类画线各自有其特点，直线要显现出力度、流畅，而曲线讲究优美、流畅，如图 3.3 所示。

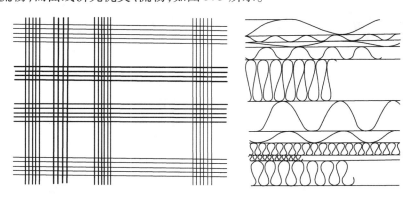

图 3.3 钢笔画中的直线、曲线

②直线、曲线的排列和叠加在形成退晕、明暗等效果时，保持线条的连贯性，不可反复涂改，如图 3.4 所示。

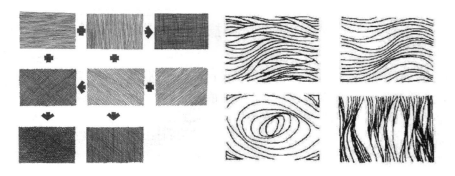

图3.4　直线、曲线的组合

③在表现不同材料的质感中,线条可通过不同的形状与不同的排列组合来体现,如图3.5所示。

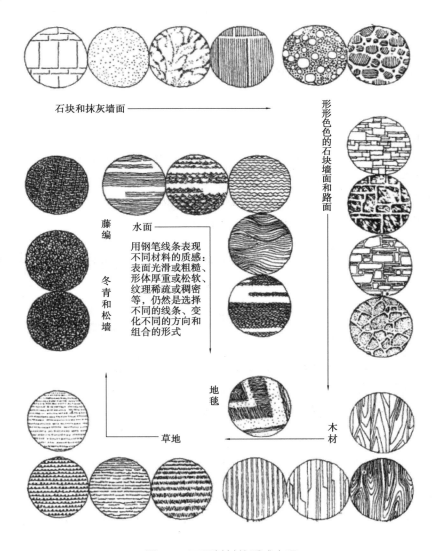

用钢笔线条表现不同材料的质感:表面光滑或粗糙、形体厚重或松软、纹理稀疏或稠密等,仍然是选择不同的线条、变化不同的方向和组合的形式

图3.5　不同材料的质感表现

7）注意事项

①掌握比例尺度，注意物体各部分的比例关系，以达到真实感；

②物体应高度概括，注意轮廓、层次、明暗等；

③考虑透视关系，确定视平线高度。

8）范例

范例如图3.6所示。

（a）　　　　　　　　　　　　　　　　　（b）

图3.6　钢笔画技法表现范例

实验三　水彩基本技法渲染练习

1）实验目的

①熟悉水彩渲染的基本技法：平涂、退晕、叠加；

②初步掌握水彩渲染的基本方法和步骤，包括过滤、运笔、作小样等。

2）实验要求

①图面整洁，各渲染图要求不出现油迹、水斑、颗粒、开笔涂抹等缺陷；

②平涂：均匀无疵；

③退晕：渐变，两端区别明显，中间无深浅陡变；

④叠加：近看各种颜色均匀，远看有退晕感；

⑤渲染前必须先练习。

3）实验内容

根据指定水彩颜色渲出平涂、退晕、叠加效果。

4）实验工具

绘图板、水彩纸、排刷、大号毛笔、中号毛笔、小号毛笔、水彩颜料、铅笔、橡皮、碟子、裁纸刀、水胶带、滤棉、尺。

5）实验方法

①了解色彩原理，体会运笔、过滤、加水方法；

②制作小样稿，进行运笔、色彩深浅、层次变化的推敲；

③反复练习熟练后再完成正图。

6）实验步骤

①裱纸：在图板上均匀刷上水，将水彩纸铺到刷过水的图板上。用排刷蘸清水洒到图纸上并均匀涂抹。浸泡 10 分钟后，用刷子小心将气泡全部排出，平整图纸。然后撕下适当长度水胶带，刷上一层水，贴图纸四周边缘。贴平整后，将纸四边擦干，等水彩纸干。

②绘制底稿：按给定标注尺寸的线稿绘制到裱好的纸上如图 3.7 所示。

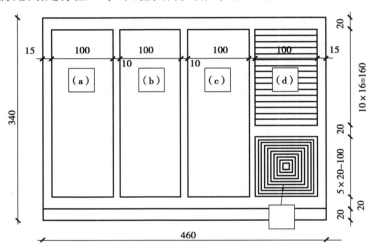

图 3.7　标注尺寸的线稿

（a）— 平涂；（b）— 由浅到深；（c）— 由深到浅；（d）— 叠加

③过滤沉淀：有颜料的碟与空的碟高低放置，中间用滤棉相连，利用毛细作用使不带沉渣的水彩过滤到低的碟内，如效果不明显可多过滤几遍。

④图板安置上高下低倾斜 10°左右。

⑤平涂（a）：从左到右，从上到下（上下运笔幅度为 20 mm 左右）等速渲染毛笔吸水要饱满，保持图面着水均匀，至底边吸去积水，等干后视情况再涂。

⑥退晕（b）（c）：画法与平涂相似，仅用滤好的水彩逐渐用以加深或冲淡。

⑦叠加（d）：先用平涂画法全涂一遍，等干后留出最淡一格，其余全涂一遍，然后依次多留一格平涂，逐步叠加而成。

7）实验要领

①水平运笔法：大号毛笔作水平移动，宜大面渲染，如图 3.8（a）所示。

②垂直运笔法：上下运笔，距离不宜过长，避免上色不均匀，宜小面积渲染，如图 3.8(b)所示。

③环形运笔法：绕圈运笔，笔触能起到搅拌作用，使前后上的水彩不断均匀调和，效果自然柔和，常用于退晕渲染，如图 3.8(c)所示。

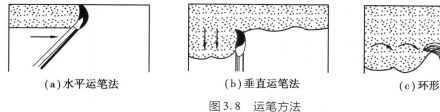

（a）水平运笔法　　　　　（b）垂直运笔法　　　　　（c）环形运笔法

图 3.8　运笔方法

8）注意事项

渲染时需要注意的事项如图 3.9 所示。

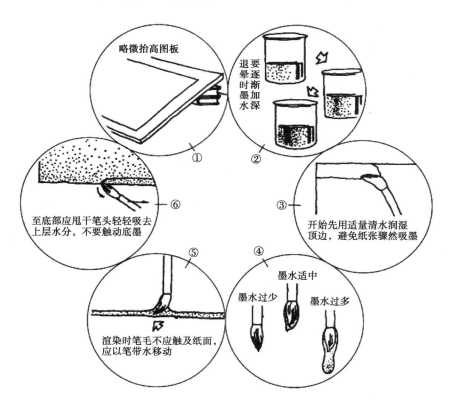

图 3.9　渲染时应注意的事项

9）范例

范例如图 3.10 所示。

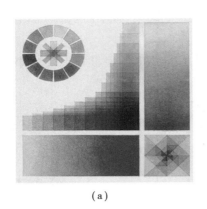 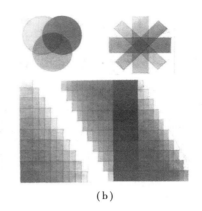

(a)　　　　　　　　　　　　　(b)

图 3.10　水彩渲染练习 2

实验四　水彩建筑渲染练习

1）实验目的

①掌握水彩渲染的技法和色彩运用；

②重点掌握对图面层次的把握，灵活运用。

2）实验要求

①研究分析临摹作品的特点，主要是退晕的变化；

②明确色彩关系，配景画法需课外多练习；

③图面要求有主次、层次、透视感强。

3）实验内容

临摹某建筑立面或建筑透视水彩渲染作品。

4）实验工具

绘图板、水彩纸、大中小号毛笔各一支、水彩颜料、碟子、铅笔、橡皮、裁纸刀、盛水容器、水胶带、调色盒。

5）实验方法

①作小样稿，确定整体色调和明暗面；

②用淡细铅笔把轮廓线画在正图上；

③用叠加法逐步由浅至深着色渲染；

④最后调整画面。

6）实验步骤

①裱纸（与水彩基本技法渲染方法一致）；

②作小样练习；

③绘制线稿，线稿详细；

④分大面：可分两个步骤，先用土黄加柠檬黄铺一层底色，然后再把建筑物和天空分开。如果是深色天空则应用普蓝画天空；如果浅色天空则应如图 3.11（a）所示，仍用土黄加柠檬黄把整个建筑罩上一层。

⑤分小面：表现出不同建筑材料的固有色；分出各小面的前后导次；作出退晕变化以表现出光感效果；留出各处的高光，如图 3.11(b)所示。

⑥画影子：是关键性的一步，也是最能取得效果的一步。画影子要考虑到整体感，应对整片地罩，并作出退晕，如图 3.11(c)所示。

⑦表现质感效果：在画完影子后应进一步表现出不同材料的质感效果。如清水砖墙、陶瓦屋面、乱石砌的烟囱和平台墙以及局部抹面的勒脚、檐口线等的质感效果。

⑧画配景：画出云、天、树、人物等配景，注意概况和层次，如图 3.11(d)所示。

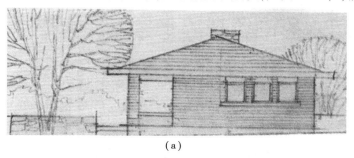

(a)

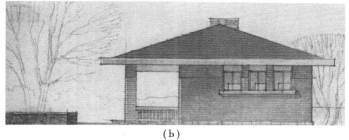

(b)

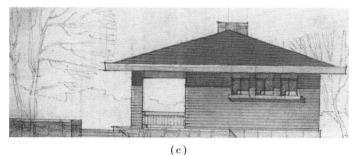

(c)

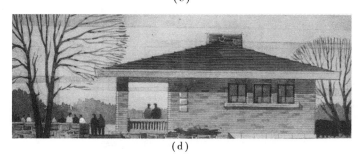

(d)

图 3.11　水彩建筑渲染练习

7）实验要领

①图板前端垫起，形成15°的坡面；

②颜料要调稀，毛笔含量要饱满；

③主要采用环形运笔法，从左到右一层一层地顺序往下画，每层2~3 cm；

④需要反复运用平涂、叠加等技法，画5~10遍才能达到预想效果。

8）注意事项

①画底稿铅笔线条要清淡、正确，画好后不能擦去，能看到底稿线条；

②着色前若擦橡皮，尽量不要将纸擦毛；

③首次着色渲染应淡些，渲染由上至下，由左至右，渲染过程中绝不可反复运笔，必须待干后再渲染第二次；

④水分不宜太少，也不宜太多，以不流淌为主。

9）范例

范例如图3.12和图3.13所示。

图3.12　清式垂花门立面

图3.13　英式小邮局建筑立面

3.2.3　建筑构成设计

平面构成、立体构成和色彩构成是建筑构成设计的主要内容。这三大构成是专业学习的基础。通过以下实验的综合训练，可以熟练地把构成的基本原理和基本要素运用到城乡规划专业的设计创意中。

实验五　形态构成设计

1）实验目的

①培养学生具有灵活多变的形象思维能力和创造能力；

②熟悉基本形态要素在视觉要素和关系要素作用下的组合特点和规律。

2）实验要求

①设计作品中运用形式美的规律和基本方法；

②设计思路逻辑有序，具有章法，且构思巧妙；

③视觉效果丰富、具有一定的趣味性；

④组织结构合理，工艺精良。

3）实验内容

150 mm×150 mm×150 mm 基本框架内的构成作品，自选材料，制作模型并绘图。

4）实验工具

针管笔、圆规、丁字尺、曲线板、铅笔、建筑模板、比例尺、橡皮、刀片、图板、模型材料、三角板、裁纸刀。

5）实验方法

①运用形态构成原理，进行形的创造；

②找到各元素之间的结构关系，如控制线、模式、韵律、动感等，将这些隐藏在画面背后的二维和三维构成设计在图纸上表现出来；

③选择适宜色彩表达在模型和图纸上。

6）实验步骤

①先方案构思，草稿纸上表达方案草图；

②用简单材料揣摩方案的造型、结构、细节；

③反复修改推敲草模；

④选择准确材料，完成最终正式模型。

7）实验要领

形态构成的核心内容就是抽象了的形以及形的规律。形态构成的基本方法有单元法、分割法、空间法、变形法等。

8）注意事项

①在练习中，要学习运用形态构成的语言；

②作品应表现学生的创造性，所以无须刻意模仿或临摹；

③简单重复的空间如果没有韵律的调剂会显得单调枯燥，而韵律过强却没有变化，也会带来同样的问题；

④充分体会和享受形态构成的乐趣。

9）范例

范例如图 3.14 所示。

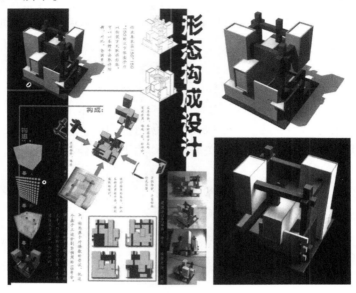

图 3.14 形态构成设计范例

实验六 1∶1构成设计

1）实验目的

①体验建造过程；

②通过对结构稳定和受力情况的关注，建立结构意识；

③小组工作，集体创造中合作意识的培养；

④初步建立尺度感；

⑤结合创作意图选择材料，理解材料在设计中的作用。

2）实验要求

①理解并运用形式美的法则；

②要求小组制订工作计划并严格执行；

③确立经济概念，在经济和艺术效果间寻求平衡点；

④树立关注细节和大样的设计意识；

⑤选择合适的场所展示作品，体会环境与作品的图底关系。

3）实验内容

制作超过 2 m 的成品模型，放在校园里；用 1 号图纸表达设计构思。

4）实验工具

针管笔、圆规、丁字尺、曲线板、铅笔、建筑模板、比例尺、橡皮、刀片、图板、模型材料、三角板、裁纸刀、制作模型工具（锯子、钳子等）。

5）实验方法

①可从材料中受到启发，根据材料特点进行分析、组织，形成基本模型；

②可先有个思路,再选择合适的材料,反复推敲而形成基本模型。

6)实验步骤

(1)方法Ⅰ:从材料开始

①可先选定材料;

②根据材料的特性和制作方法进行分析;

③结合想法对材料进行组织和安排;

④不断修正并形成基本模型;

⑤完成最后成果。

(2)方法Ⅱ:从构思开始

①先思考构思;

②根据构思造型的大致轮廓选取材料;

③根据材料特性调整造型意向;

④反复实践,确定基本模型;

⑤完成最后成果模型。

7)实验要领

①造型特点一定要反映和顺应材料的力学特性;

②连接情况一定要适合材料本身的易操作、稳固及简洁的特性;

③尺度感和比例要合适。

8)注意事项

①选择材料和材料的连接方式在建造前需提前考虑好,结构要合理;

②模型制作工艺要精良;

③注意模型的性价比。

9)范例

范例如图 3.15 所示。

图 3.15　1:1 构成设计范例

3.2.4 建筑工程图

实验七 厕所方案抄绘

1）实验目的

①了解建筑设计的初步设计阶段,使用建筑语言表达建筑的内容与形式;

②了解建筑设计平、立、剖面形式及其表达方法;

③了解线条与字体在建筑图中的运用。

2）实验要求

①绘制方案草图,比例准确,线条笔直;

②用绘图工具、墨线绘制出初步设计图,线条粗细明确、清晰、准确。

3）实验内容

等比抄绘厕所方案的平面图、立面图、剖面图,如范图3.16所示。

4）实验工具

针管笔、铅笔、橡皮、绘图纸、三角板、丁字尺、图板、纸胶带、裁纸刀。

5）实验步骤

①将裁切好的绘图纸用纸胶带固定在图板上;

②根据范图确定每个图的位置;

③依次用铅笔轻线抄绘各图基本内容;

④画图顺序先画轴线,再完成内外墙线,定门窗洞口宽度和位置,细化房屋的细部(窗台、阳台、台阶、屋面、卫生器具等);

⑤检查无误后擦去多余作图线,按线条等级用墨线依次添加,先细后粗;

⑥书写数字、尺寸、图名、房间名称等其他内容;

⑦检查完成正图。

6）实验要领

①抄绘过程中注意各图、线、数字表达的内容,需准确理解;

②熟悉制图规范。

7）注意事项

①不得遗漏范图中的文字、数字、符号等;

②不能按个人意愿改图;

③数字、文字用仿宋字抄绘;

④严格按制图顺序绘制;

⑤用尺规作图,不得徒手绘制。

8）范例

范例如图3.16所示(正图上图框的尺寸不需标注)。

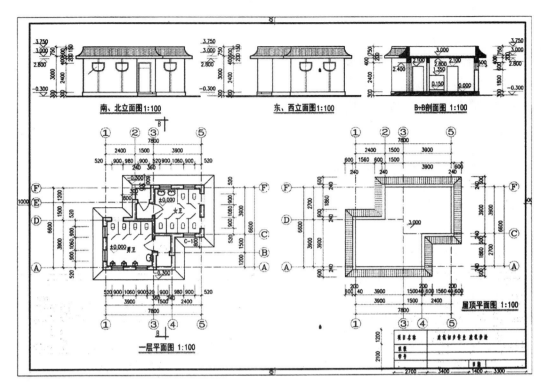

图 3.16　厕所方案抄绘范例

实验八　西区校门测绘

1）实验目的

①增强建筑平、立、剖面的概念；

②熟悉建筑配景的布局与画法；

③熟悉建筑测绘的步骤与方法，通过建筑测绘加强对建筑物的观察，进一步了解抽象图纸与具体实物之间的关系。

2）实验要求

①草图：徒手，铅笔线；

②正图：工具、墨线。

a.建筑平、立、剖面图表达正确；

b.在平、立、剖面图上绘制恰当的配景；

c.线条准确、清晰；

d.图面整齐、均衡。

3）实验内容

对本校西区正校门进行实测并整理绘制成图：1∶100 平、立、剖面图。

4）实验工具

皮尺、垫板、针管笔、铅笔、橡皮、绘图纸、三角板、丁字尺、图板、纸胶带、裁纸刀。

5)实验步骤

　　①分小组,据目测或步测绘制徒手草图(包括主要树木);

　　②在测量草图上量测并标注尺寸;

　　③回教室整理数据并绘制草图;

　　④检查修改草图,绘制正草图;

　　⑤依据正草图绘制并完成正图。

6)实验要领

　　①遵循制图顺序,先整体后细部,先平面后立面;

　　②构图需完整,不要过满或较空;

　　③尺寸数据与实际尺寸需一致且准确。

7)注意事项

　　①注意各图的线型;

　　②不要出现漏标、错画、符号不对应等状况;

　　③数据不能错,不能任意改,注意与自己组测量的草图数据对应;

　　④按步骤,测完后及时整理数据,注意小组团队合作。

8)范例

范例如图 3.17 所示。

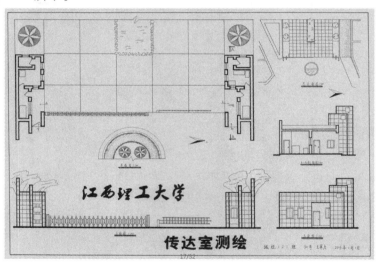

图 3.17　校门测绘范例(学生作品)

3.2.5　建筑模型

实验九　大师作品分析

1)实验目的

　　①通过对大师代表作品的介绍与分析,对各种建筑风格和流派有初步了解;初步了解建筑的生成背景,初步认识建筑与外部环境的关系,初步认识建筑的功能与形式的关系,初步了解建筑空间的创作方法。

②通过模型的制作和分析,了解利用模型学习建筑的创作方法,培养学生从二维到三维空间的转换能力。

③通过对大师作品的学习和解读,逐步掌握完成建筑方案创作的基本步骤和方法,培养学生独立思考、分析问题和解决问题的能力。

④学习与熟练水彩渲染技法并用于建筑和图纸表现。

⑤完成从模仿走向表达的过程。

2)实验要求

①4～5人一组,确定分析作品选题,收集所选作品的相关资料,包括大师的背景、设计作品的背景、设计的构思创意,设计作品的平、立、剖面图及相关设计数据。

②根据收集的资料,用吹塑纸、有机玻璃等模型材料制作作品等比例缩小模型。在制作的过程中,需要以严谨的态度,注重建筑物模型各组成部分的比例关系,分层表现作品的建筑空间。

③根据收集的资料和制作的模型,结合理论教学中"建筑与空间""建筑与环境""方案构思设计"的内容,分析作品的功能、结构形式、形体特征、场地、空间布局、交通流线等。做到理论联系实际,在实践作品中更深层次地理解方案设计与"建筑空间""建筑功能""建筑环境"的设计内容及其表现。

3)实验内容

选择世界某知名建筑师的代表作品进行分析,制作模型,并绘制成图。

4)实验工具

针管笔、铅笔、丁字尺、三角板、自选模型制作材料和工具、图板、圆规、水彩渲染工具、裁纸刀。

5)实验步骤

(1)资料收集

通过图书馆的书籍资料和网络的信息资料,尽可能地选取小体量的建筑作品,对大师的作品背景、作品的设计数据、作品的解读进行收集。

(2)模型制作

①根据收集到的作品信息和数据,选择吹塑纸(或泡沫塑料)制作墙体、柱和天花板、地板、阳台、楼梯等建筑组成部分,选用有机玻璃或玻璃纸制作作品的窗户。

②将建筑的平面组合数据绘制在吹塑纸的底板上,按平面图数据粘贴,按立面图数据切割墙体或柱子等围护结构。以此方法制作各层空间。

(3)作品分析

根据相关资料,结合作品模型对建筑的环境和交通关系、建筑的功能与空间组织、建筑的体量和结构特征等关系进行深层次的讨论,并制作分析图。

(4)图纸抄绘

根据收集到的设计作品数据绘制成图。

①建筑各层平面图:注意线型的表现,剖切墙用粗实线表现,投影部分用细实线表现,配景用细实线表现;注意楼梯的正确表达。

②建筑立面图:注意立面至少需要用3～4种线型表现,最粗的线型为地坪线,建筑外轮廓线为第二粗线型,体块凹凸线为第三粗线型,墙面分割线、门、窗为最细线型。

③建筑剖面：注意剖切号的正确表现，注意剖视方向的正确性，注意剖切到的墙（粗实线）与投影墙（细实线）的正确表现。

6）实验要领

①所选择作品可以是独栋别墅、小教堂等规模较小的建筑类型；

②建筑主体、配景、地形都需自己制作；

③不同的材料需要不同的工具和黏结方式，原则是：简洁、牢固、节约、美观；

④模型制作工艺需精细；

⑤绘制正图要求参照建筑测绘要求，分析图要清楚、准确。

7）注意事项

①所选择的建筑资料要全面；

②先计算用料再购买可以节约用料；

③切割材料应注意安全；

④注意配色，参考原作品。

8）范例

范例如图 3.18 和图 3.19 所示。

图 3.18　罗宾别墅模型（学生作品）

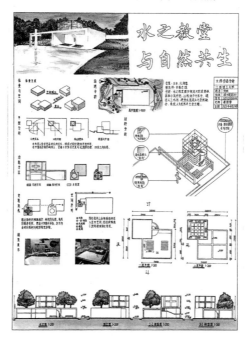

图 3.19　大师作品分析图纸（学生作品）

3.2.6　建筑设计任务书

实验十　校园食品亭设计任务书

1)教学目的

①学习从建筑的环境空间来思考建筑的形体和空间的设计方法。

②学习解决不同大小空间和不同功能内容之间的设计问题。

③体验方案设计的全过程;接触设计的基本问题:简单的平面布局、空间的组织关系、结构构造方法、使用行为与空间的互动关系等。

④完善空间思维的能力,正确处理平、立、剖与三维空间的对应关系;正确绘制图纸,掌握建筑的平、立、剖面形式及其表达方法。

⑤进一步巩固、发展模型和绘图的技能。

2)设计任务

校方计划在校园某地块进行环境改造,并在地块场地内增设一食品售卖亭,夏季供应学生课间及午休时的加餐与冷饮。

①地形由学生分组调研测绘得出,地块面积不小于 200 m²。

②设计内容:单层小型临时建筑及其周边环境设计。

a.用地环境设计面积不小于 200 m²,食品亭建筑面积控制不大于 30 m²,其中功能需包括营业、食品选购、冷饮加工制作及容纳少量学生的就餐等。营业空间满足至少 2 名服务员的活动,通过售卖窗口交递货款。

b.食品选购空间:需摆放 2~3 个食品架、一台冰柜。满足学生亲自挑选食品的需要,但应方便管理。加工制作区满足基本卫生条件,供应临时制作的冷热饮,与其他区域互不干扰。

c.学生就餐空间:可结合室内外环境灵活设计,满足下雨天气状况下,5~8 名学生入内就餐。

d.结合校园环境,对售卖亭周围地段进行环境设计。地块内环境空间设计必须包含 1 个可供 20 人左右聚会的小空间、3 个 2~3 人交谈的休闲空间。

e.尝试在环境设计中运用各种植被、水、光等基本环境设计手法,了解各种植被(落叶乔木、风景树、常绿乔木、小型乔木、常绿灌木、草坪、花卉)、水系、光等在环境设计中的作用,同时也要注重各种植被搭配所形成的空间层次及景观效果。

3)教学进度

本设计共安排四周,主要按 4 个阶段进行:

(1)第一阶段(1 周)

①熟悉设计任务书、分析任务书,按 5~8 人为一组进行设计课题的用地选择,并进行实地调研。

②选择并测绘确定的设计用地。对本地块原有环境设计进行调研分析,形成一份场地环境调研分析报告。

调研报告必须包括:绘制场地总平面环境布置图(规格 A3);分析原有环境设计的优缺点,主要包括场地环境内外空间流线分析、植被在环境设计中运用合理性分析、采访同学的

使用感受,记录自己在环境中的空间体验。(8人一组,只在本环节分组,设计不分组)

(2)第二阶段(1周)

在前期资料调研、分析总结的基础上确定设计立意,进行方案的构思,提出不少于2个构思方案,经过小组讨论分析后,确定可用构思方案,并绘制方案草图。制作方案体块模型,结合方案体块模型和草图,解决方案中主要的矛盾关系。

着重解决如下问题:建筑物在总图中的位置及与周围环境的关系;功能空间的相互关系与使用行为的矛盾;主要结构形式及构造方式,结合第一阶段环境调研分析报告考虑所拟定地块的环境空间优化设计。

(3)第三阶段(2周)

①对一草图进行修改,解决矛盾,尽可能地不改变立意初衷。

②深入平面功能关系的调整,摆放家具设施与构造使用活动,探讨使用与空间的矛盾;寻求多变的解决方案。

③平面图:确定房间的开间、进深尺寸,确定门窗位置及大小,布置家具设施,进行室内外的环境设计等。

④剖面图:确定空间的高度,结构承重的力学承接关系,采光的方式与光线效果,确定家具设施的高度等。

⑤立面图:确定围合材料的形式、形体关系。

⑥结合地块周边校园其他环境进行整合设计。

⑦在方案的逐步深入与修改过程中,平、立、剖面图的调整与变化是相互制约的有机整体,应该从三维空间的整体入手全面考虑。(二草图的绘制要求按照比例关系准确绘制)

(4)第四阶段(1周)

在修改完善方案的前提下,按时上板绘图。

①平立剖关系正确;按照比例尺要求准确绘制;图面整洁,构图均衡,总体效果较好。

②平面图要按照比例尺绘制,需注尺寸;表达清楚结构关系、围护墙与隔墙的位置关系;准确绘制门窗洞口的位置、大小及开启方向;按照正确尺度绘制家具设施;表达地面铺设的材料;注明房间名称;表示出室内外环境的设计构思;绘制环境的配景图案并标识清楚;其他与设计相关重要的图面信息。

③剖面图要准确表达结构关系、围合构造的形式;门窗洞口的位置及大小,采光形式与光线处理;室内外的高差关系;绘制出家具与装修;绘制必要的配景图案;其他与设计相关重要的图面信息。剖切线与可见线应有明确的线型区分。

④立面图要表示出围合材料的运用变化;表示出门窗洞口的位置与大小;绘制投影效果,表达形体关系;绘制必要的配景图案;其他与设计相关重要的图面信息。

⑤总平面图必须要表达建筑物外环境的设计构思;表示出入路线与周围的交通关系;表示出阴影区域;表达出环境设计中各空间尺寸,以及环境周围的地形变化、地面材质、绿化植被及水系。

4)成果要求

①调研报告:A4纸打印并装订成册(A3图纸折成A4装订成册)。

②设计图纸:图纸规格:841 mm×594 mm(A1)水彩纸。

图纸内容:总平面图(含周边环境设计)、立面图、剖面图、透视表现图、相关分析图等。

其中：

a. 草图：总平面图——1∶200；平、立、剖面图——1∶100。

b. 正图：A1 水彩纸一张，注意构图，图纸大小精确统一，需标学号、姓名；总平面图（场地环境设计）——1∶100；平面图 ——1∶50；立面图 ——1∶50（至少 2 个）；剖面图 ——1∶50；正图表现形式：墨线条和水彩或钢笔淡彩表现形式。

c. 效果图：主要方向的透视或鸟瞰图，表现方式不限。

d. 足尺模型：模型图片可作为正图中的设计表现元素，以便更清晰地表现设计。

5）评分细则

①平时成绩（10 分）：出勤（5 分），是否能根据老师的提示查找资料（5 分）；

②是否能按阶段完成任务（5 分）；

③构思创新（20 分）：是否有自己的想法，或在借鉴的基础上是否有创新（20 分）；

④设计的合理性（40 分）：设计功能是否合理（15 分），立面图设计是否得体（10 分），剖面图是否正确和能否准确地反映建筑的结构关系（15 分）；

⑤图纸表现（25 分）：构图是否有新意以及整体布局是否均衡（10 分），图面是否整洁（5 分），效果图表现（10 分）。

6）参考资料

①田学哲，《建筑初步》，中国建筑工业出版；

②中国建筑学会，《建筑设计资料集1》，中国建筑工业出版社；

③刘管平，《建筑小品实录》，中国建筑工业出版社；

④建筑院校学生作业集；

⑤江西理工大学校园管理制度。

7）地形

校园内根据调研自选合适地块。

8）范例

范例如图 3.20 和图 3.21 所示。

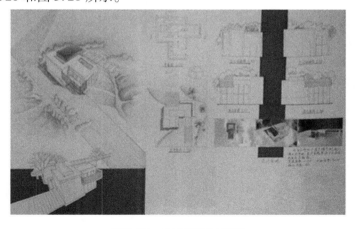

图 3.20　食品亭设计范例

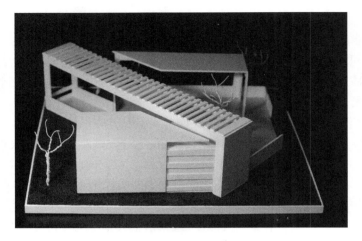

图 3.21　食品亭模型范例

第4章 色 彩

4.1 课程实验概述

4.1.1 本课程实验的作用与任务

通过实验课程的学习,进一步培养学生的构图能力、造型能力、空间想象能力和审美能力;培养正确的艺术观察方法、分析方法和表现手法,掌握色彩基本理论和基本技能。提高学生把握色彩的能力及其以色造型的能力。该实验要求学生在掌握色彩构成基础知识和基本理论的基础上,通过对色彩各要素,各特性的推移构成训练,逐步感受到色彩的基本性质,逐步认识到色彩的典型特性,逐步领悟到色彩的科学内涵及其逻辑,逐步地掌握色彩美的实质,逐步体验色彩的组合原理,从而拓宽色彩视野、形成科学的色彩设计思路,提高设计的艺术涵养。

4.1.2 本课程实验的基础知识

本课程实验要求掌握素描方面的基础知识。

4.1.3 实验教学的目的和要求

1)教学目标

该课程是一门实践性很强的专业技能基础课。通过该课程的学习和训练,对色彩的认识和感受,对色彩构成原理、规律、法则、技法等的学习和训练,能够对建筑、规划专业的学生在方案设计和表现时起着极其重要的美术指导意义,同时能培养和提高学生的色彩审美能力,从而服务和指导现代设计。

(1)知识目标

使学生能够了解色彩三要素的基本概念及其特点,初步了解色彩构成的方法,认识色彩构成的美感。

(2)能力目标

掌握较丰富的色彩语汇及最基本的调色方法,扩展并提高学生的色彩感知力。体会艺术创作的乐趣。

(3)德育目标

培养学生的合作精神、探究精神,并激发学生美化生活的愿望。在制作过程中培养学生耐心细致、持之以恒的工作态度。

2)基本要求

培养学生具备在二维空间上塑造对象形体,以及处理整个画面的能力。训练学生使用色彩对空间进行表现,增强对三维空间的想象能力和把握能力,为学生的设计能力打下造型的基础。培养学生具有为专业所需要的造型艺术的敏锐的视觉观察力(科学的观察方法、观察内容及较强的造型理解力、判断力)和严谨的色彩造型表现力(正确的写生步骤、写生方法及结合专业要求的表现技巧)。培养学生具有一定的造型记忆力和创造性的徒手表现力。

4.1.4 本课程实验教学项目与要求

本课程实验教学项目与要求见表4.1。

表 4.1 色彩课程实验教学项目与要求

序号	实验项目名称	学时	实验类别	实验要求	实验类型	每组人数	主要设备名称	目的和要求
1	水粉基本步骤,简单静物水粉(彩)画	6	专业基础	必修	验证	1	画架、静物、衬布、石膏、灯具等;4 开水粉纸或水彩纸、画笔、颜料、透明胶、铅笔、橡皮、美工刀、夹子等	掌握水粉作画步骤,在熟悉水粉工具的基础上进行简单静物训练
2	静物组合水粉(彩)画	18	专业基础	必修	验证	1	画架、静物、衬布、石膏、灯具等;4 开水粉纸或水彩纸、画笔、颜料、透明胶、铅笔、橡皮、美工刀、夹子等	熟练掌握构图规律,组合静物水粉(彩)表现
3	复杂组合静物水粉(彩)画	10	专业基础	必修	验证	1	画架、静物、衬布、石膏、灯具等;4 开水粉纸或水彩纸、画笔、颜料、透明胶、铅笔、橡皮、美工刀、夹子等	熟练掌握复杂组合静物构图规律及色彩表现方法
4	简单建筑单体风景写生(亭子、桥、廊、门)	10	专业基础	必修	综合	1	画板、4 开水粉纸或水彩纸、画笔、颜料、水桶、折叠凳、透明胶、铅笔、橡皮、美工刀、夹子等	熟练户外写生步骤,掌握简单单体建筑水粉技法,掌握简单单体小景构图及写生要领
5	风景元素写生	6	专业基础	必修	综合	1	画板、4 开水粉纸或水彩纸、画笔、颜料、水桶、折叠凳、透明胶、铅笔、橡皮、美工刀、夹子等	掌握自然风景(树、天空、水、路等)绘画技巧
6	古建筑群写生色彩练习	10	专业基础	必修	综合	1	画板、4 开水粉纸或水彩纸、画笔、颜料、水桶、折叠凳、透明胶、铅笔、橡皮、美工刀、夹子等	熟练掌握古建筑的色彩表达、调色技法、色彩透视、层次表现
7	民国时期、现代建筑群写生	10	专业基础	必修	综合	1	画板、4 开水粉纸或水彩纸、画笔、颜料、水桶、折叠凳、透明胶、铅笔、橡皮、美工刀、夹子等	掌握民国时期建筑写生表现技法、现代建筑不同材质表现方法

续表

序号	实验项目名称	学时	实验类别	实验要求	实验类型	每组人数	主要设备名称	目的和要求
8	宗教建筑群写生	10	专业基础	必修	综合	1	画板、4开水粉纸或水彩纸、画笔、颜料、水桶、折叠凳、透明胶、铅笔、橡皮、美工刀、夹子等	掌握大场景宗教建筑群写生技法

4.1.5 评分标准

本课程实行随堂作业考核。每阶段课程结束时,学生须按教学要求呈交作业,由教研室主任组织3~5名教师组成课程考核小组进行集体评分,并结合学生平时作业评定课程考核成绩。(平时成绩占40%,考试成绩占60%)

4.2 基本实验指导

实验一 水粉基本步骤,简单静物水粉(彩)画

1)实验目的

掌握水粉作画步骤,在熟悉水粉工具的基础上进行简单静物训练。

2)实验器材

①公共用具:画架、静物、衬布、灯具等;

②其他工具:4开水粉纸或水彩纸、画笔、颜料、透明胶、铅笔、橡皮、美工刀、夹子等。

3)实验说明

①构图均衡,色彩准确;

②比例准确;

③分析原作品的色彩冷暖层次及表现技法。

4)实验内容和步骤

①分析原作品的色彩冷暖层次及表现技法(光源色、固有色、环境色的分析),如图4.1、图4.2所示。

图4.1

图4.2

②色彩构图,小色稿训练(水粉明暗训练)。

③单色水粉(相近色)技法训练(训练素描关系的理解),如图4.3所示。

图4.3

④简单水果水粉静物训练(苹果、梨子、石膏等),如图4.4所示。

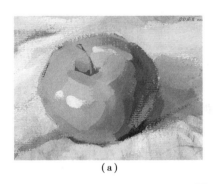 

(a) (b)

图4.4

⑤简单形体静物训练(陶罐、盆、瓶子)。

⑥釉面,反光面静物训练(瓶子、不锈钢等)。

步骤:构图→打草稿→铺大色→细部刻画→修改。

5)实验报告要求

①每周交临摹(写生)的画作2张;

②可以写一些心得体会。

6)实验注意事项

①首先分析作品的色彩,是冷色调还是暖色调,光源色、固有色和环境色分析;

②注意笔触的叠加和摆放要根据物体的形状来定;

③临摹要学习范画通过色块塑造立体感;

④不要动老师摆的静物及破坏画室中的设备。

实验二 静物组合水粉(彩)画

1)实验目的

熟练掌握构图规律,组合静物水粉(彩)表现。

2）实验器材

①公共用具:画架,静物、衬布、灯具等;

②其他工具:4 开水粉纸或水彩纸、画笔、颜料、透明胶、铅笔、橡皮、美工刀、夹子等。

3）实验说明

①构图均衡,色彩冷暖关系把握准确;

②比例准确、透视准确。

4）实验内容和步骤

（1）实验内容

①分析静物(图 4.5)的明暗层次及色彩表现方法;

②水粉(彩)组合静物训练①(2~3 个组合静物);

③水粉(彩)组合静物训练②(多种材质静物 2~3 个);

④水粉(彩)组合静物训练③(数量、材质相对关系)。

图 4.5

（2）实验步骤

①构图。分析静物摆放的前后关系,整体的冷暖关系等,如图 4.6 所示。

图 4.6

②打草稿。先用铅笔画出水壶、水果和衬布的轮廓,然后调和赭石,沿铅笔稿铺出单色稿,如图 4.7 和图 4.8 所示。

| 图4.7 | 图4.8 |

③铺大色。调和颜色,先铺出背景衬布的颜色,然后画出水壶和水果的暗面和阴影的色调,如图4.9所示。

图4.9

④细部刻画。加强对静物体积感和质感的塑造,主体水壶和前景处的水果在用笔上可厚重些,背景及远处的静物用笔应概括,如图4.10所示。

图4.10

⑤修改。深入刻画对象细节,塑造对象形体,并点出对象的高光。

5)实验报告要求

①每周交写生的画作1张、临摹1张;

②写心得体会。

6)实验注意事项

①首先分析画面构图,上窄下宽左右适中;

②再分析静物的光源色、固有色、环境色等色彩;

③深入刻画阶段要注意画面的整体效果。

<h2 style="text-align:center">实验三　复杂组合静物水粉(彩)画</h2>

1)实验目的

熟练掌握复杂组合静物构图规律及色彩表现方法。

2)实验器材

①公共用具:画架、静物、衬布、灯具等;

②其他工具:4开水粉纸或水彩纸、画笔、颜料、透明胶、铅笔、橡皮、美工刀、夹子等。

3)实验说明

①构图均衡,色彩冷暖关系把握准确;

②比例准确、透视准确。

4)实验内容和步骤

①分析静物(图4.11)的明暗层次及色彩表现方法;

②复杂组合静物水粉(彩)训练(3种以上不同材质静物),如图4.12所示。

步骤:构图→打草稿→铺大色→细部刻画→修改。

图4.11　　　　　　　　　　　　　　　　　图4.12

5)实验报告要求

①每周交写生的画作1张、临摹1张;

②可以写一些心得体会。

6)实验注意事项

①首先分析画面构图,在静物较多的情况下需要确定主次关系,主体先刻画;

②再分析静物的光源色、固有色、环境色等色彩,釉罐、不锈钢、玻璃等的环境色比较复杂需要仔细观察;

③最后要注意画面的整体效果,不要太花哨,保持颜色统一。

实验四　简单建筑单体风景写生(亭子、桥、廊、门)

1)实验目的

熟练掌握户外写生步骤,掌握简单单体建筑水粉(彩)技法,掌握简单单体小景构图及写生要领。

2)实验准备

①选择自然风光(如八角塘、西津门、宋城公园);

②其他工具:画板、4 开水粉纸或水彩纸、画笔、颜料、水桶、折叠凳、透明胶、铅笔、橡皮、美工刀、夹子等。

3)实验说明

①构图均衡,色彩冷暖关系把握准确;

②比例准确、透视准确。

4)实验内容和步骤

①分析建筑的类型、色彩关系、冷暖关系及构图的注意事项,如图 4.13 所示。

图 4.13

②现场快速示范简单单体建筑的起稿、铺大体色、深入刻画和最后完善 5 个步骤并讲解其中要领,如图 4.14 和图 4.15 所示。

图 4.14　　　　　　　　　　图 4.15

③指出学生画面的不足及修改方法,下课前布置课堂作业并提出问题及解决办法。

5）实验报告要求

①每周交写生的画作 1 张、临摹 1 张；

②可以写一些心得体会。

6）实验注意事项

①首先分析画面构图,选景要有远、中、近景,这样有利于表现层次感；

②再分析景物的色彩关系、冷暖关系；

③注重画面整体效果,切莫面面俱到,要有取舍。

实验五　风景元素写生

1）实验目的

掌握自然风景(树、天空、水、路等)绘画技巧。

2）实验准备

①选择自然风光(如八镜台及八境公园)；

②其他工具:画板、4 开水粉纸或水彩纸、画笔、颜料、水桶、折叠凳、透明胶、铅笔、橡皮、美工刀、夹子等。

3）实验说明

构图均衡,色彩冷暖关系把握准确,主体突出。

4）实验内容和步骤

实验内容:风景元素(树木、山石、小路等)的色稿练习,具体如图 4.16 所示。

(1)训练 1——小色稿练习

小色稿练习:注意一定要画出天空、物(主)体、地面的色调变化(还可以练习构图)。

（a）　　　　　　　　（b）　　　　　　　　（c）

（d）　　　　　　　　（e）　　　　　　　　（f）

图 4.16　实验内容

(2)训练 2——空间层次表现练习

注意最好要画出画面的近、中、远 3 个层次的色调，表现出从前到后的空间感来，如图 4.17 所示。

（a）

（b）

图 4.17　空间层次表现练习

5）实验报告要求

①每周交写生的画作 1 张、临摹 1 张；

②可以写一些心得体会等。

6）实验注意事项

①首先分析景物的光源色、固有色、环境色等色彩；

②要求快速抓住景物的色彩关系，大块面铺色，不局限于小细节。

实验六　古建筑群写生色彩练习

1）实验目的

熟练掌握古建筑的色彩表达、调色技法、色彩透视、层次表现。

2）实验准备

①选择自然风光（如灶儿巷、涌金门、建春门、文庙古建筑）；

②其他工具：画板、4 开水粉纸或水彩纸、画笔、颜料、水桶、折叠凳、透明胶、铅笔、橡皮、美工刀、夹子等。

3）实验说明

①构图主次分明，色彩冷暖关系把握准确；

②建筑比例准确、透视准确。

4）实验内容和步骤

（1）实验内容

实验内容如图 4.18 所示。

（a）　　　　　　　　　　　　　　　　（b）

图 4.18　实验内容

（2）实验步骤

①打线描稿,注意构图及光线;

②从主体物的局部开始作画,达到大致的光感效果;

③暗部用湿画法,大片渲染,同时丰富色彩效果;

④天空、地面整体刻画,把握整体效果;

⑤完善细节部分。

以上各步骤如图 4.19 所示。

（a）

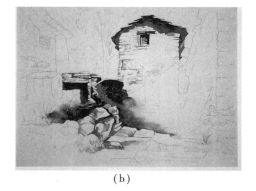

（b）

（c）

（d）

（e）

图 4.19　绘制步骤

5）实验报告要求

①每周交写生的画作 1 张、临摹 1 张；

②可以写一些心得体会。

6）实验注意事项

①建筑群的构图要突出主体建筑；

②主要刻画主体建筑细节；

③配景也要画得精彩。

实验七　民国时期、现代建筑群写生

1）实验目的

掌握民国时期建筑写生表现技法、现代建筑不同材质表现方法。

2）实验准备

①选择自然风光（如太子楼、赣州府、蔚蓝半岛及江边、黄金广场及对岸附近）；

②其他工具:画板、4 开水粉纸或水彩纸、画笔、颜料、水桶、折叠凳、透明胶、铅笔、橡皮、美工刀、夹子等。

3）实验说明

①建筑构图主次分明,细节刻画疏密有致,色彩冷暖关系把握准确；

②建筑比例准确、透视准确。

4）实验内容和步骤

（1）实验内容

实验内容如图 4.20 所示。

（a）

（b）

图 4.20　实验内容

（2）步骤

①构图起稿:选择能够体现建筑特点的视角,如两点透视处;

②观察色彩关系:光照的强弱,环境色、建筑本身颜色;

③铺大色:从远景开始着手画;

④细部刻画:主要刻画主体建筑细节;

⑤修改:画面的整体关系协调。

5）实验报告要求

①每周交写生的画作 1 张、临摹 1 张;

②可以写一些心得体会。

6）实验注意事项

①现代建筑较古建筑简单、细节少,但是色彩较单一,刻画时要发挥主观的色彩能动性;

②仔细分析景物的光源色、固有色、环境色等色彩关系;

③配景画精彩能够起到很好的衬托作用。

实验八　宗教建筑群写生

1）实验目的

掌握大场景宗教建筑群写生技法。

2）实验器材

①自然风光(马祖岩);

②其他工具:画板、4 开水粉纸或水彩纸、画笔、颜料、水桶、折叠凳、透明胶、铅笔、橡皮、美工刀、夹子等。

3）实验说明

①建筑构图主次分明,色彩冷暖关系把握准确;

②建筑比例准确、透视准确。

4）实验内容和步骤

（1）实验内容

实验内容如图 4.21 所示。

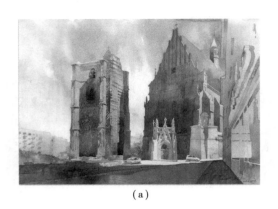

（a）

（b）

图4.21　实验内容

（2）步骤

①构图起稿：选择能够体现建筑特点的视角，如两点透视处；

②观察色彩关系：光照的强弱，环境色、建筑本身颜色；

③铺大色：从远景开始着手画；

④细部刻画：主要刻画主体建筑细节；

⑤修改：画面的整体关系协调。

5）实验报告要求

①每周交写生的画作1张、临摹1张；

②可以写一些心得体会。

6）实验注意事项

①宗教建筑相对于现代建筑，其细节更多，要分清楚主次，不能面面俱到；

②部分宗教建筑的色彩较鲜艳，注意色彩关系；

③宗教建筑的配景装饰一般也有较丰富的颜色，注意处理配景与主体物的色彩关系。

第5章 建筑设计原理与设计（一）

5.1 课程实验概述

5.1.1 本课程实验的作用与任务

本课程是城乡规划专业的专业必修课（专业基础课），是高年级各类设计课的基础。教学目的是使学生初步了解建筑设计的基本原理和原则，掌握小型居住建筑设计的方法和步骤；掌握建筑设计的正确图示方法和技术；培养学生具有对设计资料和信息的获知能力、建筑设计手绘表达能力。锻炼学生在建筑设计时创新思路、分析问题和解决问题的能力；培养学生严谨认真、实事求是的科学态度。

5.1.2 本课程实验的基础知识

本课程实验要求掌握的基础知识主要有《建筑工程制图》《建筑设计基础》和《建筑表现》等方面的知识，也就是要有一定的建筑工程制图知识。

5.1.3 实验教学的目的和要求

1）实验教学目的

通过本课程的学习，了解建筑设计的基本知识和一般原理、基本方法和步骤，初步了解建筑空间组织的基本方法，培养方案构思的基本能力，进一步进行设计的基本功训练。

2）教学要求

①初步掌握建筑设计方案的步骤与方法；

②处理好功能分区、动静关系及流线关系；

③训练和培养建筑构思能力；

④初步理解室内环境的设计原则和建立室外环境设计观念；

⑤初步理解室外环境构成要素与建筑的关系；

⑥初步具有处理建筑功能、技术、建筑艺术等相互关系和组织空间的能力；

⑦运用水彩渲染技法表现设计成果。

4）本课程实验教学项目与要求

本课程实验教学项目与要求见表5.1。

表5.1 建筑设计原理与设计（一）课程实验教学项目与要求

序号	实验项目名称	学时	实验类别	实验要求	实验类型	每组人数	主要设备名称	目的和要求
1	基础调研分析	12	专业基础	必修	验证	1	图板、绘图纸若干、钉子尺、三角板、铅笔、针管笔、彩铅或马克笔或水彩及现有的图面材料等	通过基础调研，收集相关资料，掌握基本的功能分区、动静区分及流线关系，学会利用图示语言来表达设计成果

续表

序号	实验项目名称	学时	实验类别	实验要求	实验类型	每组人数	主要设备名称	目的和要求
2	小型建筑设计	44	专业基础	必修	综合	1	图板、绘图纸若干、钉子尺、三角板、铅笔、针管笔、彩铅或马克笔或水彩及现有的图面材料等	掌握小型建筑设计的步骤、要求和方法,能做到对各种小型建筑进行设计和分析

5.2 基本实验指导

实验一 基础调研分析

1)实验目的

通过基础调研,收集相关资料(图纸与文献),掌握基本的功能分区、动静区分及流线关系,学会利用图示语言来表达设计成果。

2)实验要求

验证操作。

3)主要仪器及耗材

图板、绘图纸若干、钉子尺、三角板、铅笔、针管笔、彩铅、马克笔、水彩及现有的图面材料等。

4)实验内容

(1)调研方式

以小组为单位进行调研,每组4~5人。

(2)参观对象

小组自行决定参观对象,每组参观调研2种户型的样板房。

(3)参观调研要求

①收集住宅建筑相关资料,每人收集案例不少于3个。

②参观前以小组为单位,根据调研列出提纲并自行提出设想问题。

③对所参观样板房做出各种分析,要求图文并茂。

a.功能关系分析:泡泡图及方块图表示。

b.流线分析:分析主、客、佣路线。

c.空间分析:各空间的联系方式,室内外空间的过渡,大小空间的组合方式,动静空间的区分及联系,如何组织、变化、活跃空间等。

d.形体分析:立面的比例关系等。

e.材质分析:如何获得亲切而又舒适的生活氛围。

(4)提交内容

①调查问卷:文字;

②问卷分析报告:图文并茂;

③功能分析:图示;

④流线分析:图示;

⑤空间分析:图示;

⑥形体分析:图示;

⑦材质、色彩分析:图示。

5)实验成果要求

(1)图纸规格

A1 绘图纸,钢笔墨线表达,尺规作图,标注尺寸;可适当利用彩铅;注意版面布图。

(2)模型

不仅要较好地表达住宅本身,还要很好地表达住宅内部空间的布局。内部家具需要按1:100的比例制作,模型可以是彩色的,也可以是单色的。

6)实验进度及课程计划

本实验时间共计 3 周,详见表5.2。

第一周:授课、资料收集及分析;

第二周:草图、草模;

第三周:定稿,完成模型、绘制正图,方案汇报。

表5.2　实验时间安排

阶段	学时	每周第一次课	每周第二次课	教学要求
讲课及调研分析	6	独立式小住宅任务书解析、调研		一期发表:对目前国内小住宅发展现状的调查,研究发展趋势。 二期发表:大师作品分析。 三期发表:对住宅空间、行为做进一步探寻,对住宅空间形态、风格进行研究,分析场地现状,确定使用对象,完成任务书。 调研期间每位同学每周上交不少于 10 张 A4 的视觉笔记(设计日志),表达方式不限。 调研发表以小组进行,制作 PPT 并进行汇报。调研结束后,每组上交 A4 文本一份。 调研成果占总成绩的40%。
	3	调研、大师作品分析		
	3	调研报告汇报		

7)实验评分标准

图纸(35%)+模型(30%)+方案汇报(35%)。

实验二 小型建筑设计

1)实验目的

通过本课程设计,应达到以下目的:

①认识到建筑应与自然环境有机结合,与基地相适应,这是建筑设计的重要原则之一。别墅建筑应与优美的自然风光融为一体,从基地环境条件出发创造出一个有个性、有特色的建筑形象与空间。

②初步掌握"从外到内、内外结合"这一基本的建筑设计方法。注意从总体入手,首先解决好建筑布局与自然环境和基地的关系,同时注意内外结合进行设计,创造良好的室内外空间,功能布局合理,使别墅既与自然环境有机结合,又满足度假生活和各项使用要求。

③了解度假别墅这一建筑类型的特点,妥善安排别墅各项使用功能及户外活动场地。既保证居住环境的私密性与舒适性,又有优美宜人、接近自然的室内外休闲环境。同时应满足朝向、日照、通风及建筑结构等技术要求。

④建立尺度概念,了解居住建筑中人体活动对家具尺寸及布置、室内净高、楼梯及走道等的尺寸要求。

⑤学习用形式美的构图规律进行立面设计与体型设计,创造有个性、有特色的建筑造型,为环境增色。

2)设计要点

①地形自选(图5.1)。选定后,自行确定使用者的身份(如画家、天文学家、演员、服装设计师)和对建筑有无特殊的功能要求。

②研究设计任务书,分析该度假别墅的房间组成及在功能上的主次关系,并将相关房间划分为建筑的不同功能分区。

③分析地段环境特点(朝向、景观、地形、道路等),使建筑布局与自然环境有机结合,山地别墅尤其要注意巧妙利用地形高差。合理确定建筑物在地段中的位置,决定入口方向和道路的关系。结合功能分区、房间组成及房间的主次关系,推敲建筑的布局形式。

④巧妙利用地段环境和景观特色来构思室内空间和室外休闲环境,使主要空间有良好的视野、朝向、采光及通风等,使室内外空间流通渗透,相互因借,创造优美舒适的度假休闲环境。

⑤注意建筑结构的合理性,尤其是楼房承重结构的上下对应关系及楼梯的结构关系。

⑥运用形式美的构图规律进行立面及体型设计。在平面布局大致合理的基础上,通过推敲建筑的体型组合来进一步调整平面和立面,使方案逐步完善。确定建筑风格、材料与色彩,创造得体的又具有特色的建筑形象,为环境增色。

⑦了解家庭度假生活、人体活动尺度的要求,合理组织室内空间并布置家具,重点推敲起居室及餐室的室内环境,营造亲切、舒适的生活氛围。

3)设计程序

本设计按以下4个阶段进行:

(1)原理讲授及调研分析阶段(12学时)

①听课记笔记,查阅有关设计资料,包括文字介绍、方案图例等;

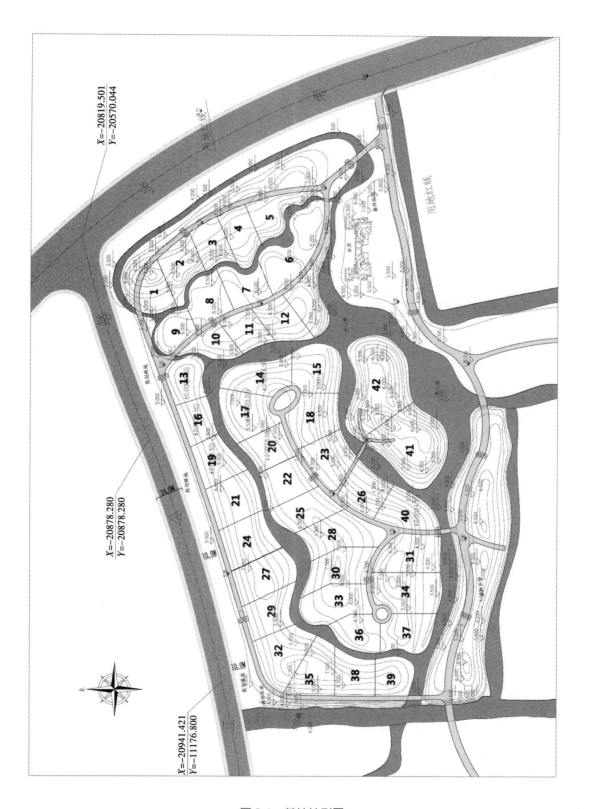

图 5.1　基地地形图

②进行著名小别墅作品图解分析,包括功能分区、水平及垂直流线、与环境的关系、空间特点等;

③参观本地具有代表性的别墅建筑,勾画平、立面简图,进行必要的细部测绘,用相机记录等;

④回校后写出观感和评价。

(2)快速设计阶段(设计构思阶段)(6 学时)

第一次课由教师讲大课,然后在无辅导的情况下,用一周时间独立构思并快速完成一套别墅的设计方案。完成的图纸包括总平面图(1:500)、各层平面(1:300 或 1:200)、简单的切块草模。

设计要求如下:

①熟悉任务书的各项要求,分析修建地段环境(包括道路交通、绿化、周边建成环境等)。

②将所有房间按使用性质进行功能分区。注意入口位置与道路关系、朝向与环境关系、景观对建筑的影响等。

③按照确定的功能分区改变平面形状。

④划分各分区的功能空间,要求使用方便、联系简洁但又不互相干扰。

⑤根据平面进行立面设计。从平面到立面,从立面到平面,反复修改完成第一次草图。

⑥草模制作。

(3)第一次草图阶段(9 学时)

①在快速设计及讲评后,深入研究任务书,查阅相关资料,进行一草方案设计。一草方案可依据快速设计构思继续深化,也可重新构思。一草阶段鼓励两个不同方案同时进行。

②本阶段应进一步着重考虑下列几个方面的问题:

a. 居住对象的特点及使用要求;

b. 建筑物在总图中的位置,朝向与视野,建筑物与周围环境的关系,入口方向等;

c. 建筑平面形状、空间关系及建筑体型外观,包括房间的开间和进深,门窗的位置,家具的大体布局等,提倡用工作模型推敲方案;

d. 建筑物的屋顶形式。

③完成一套方案草图。画出 1:200 的平面图、立面图、剖面图。1:500 的总平面及一个工作模型。图纸要求手绘,注明比例尺、主要尺寸、面积、指北针和班号、姓名等。

④第一次草图完成后,进行小组评图。通过评图,提高学生对建筑方案的分析及判断能力。

设计要求如下:

①总体布置及环境配置图:所设计的建筑在总平面上的位置、周围环境构想、指北针、比例尺等。

②平面图:各个功能空间的平面组合关系表达清楚,房间门窗、入口台阶、平台、绿化、小品、局部道路等要素需表达清楚。

③立面图:根据平面图画出立面图,应根据层数按比例画出,包括个体部分的高低错落、入口处理、屋顶形式、门窗洞口形状及绿化配置等。

④草模:重点在体量关系和与环境的关系。

(4)第二次草图阶段(12 学时)

通过一草方案及评图,同学对别墅的设计原理及设计方法有了初步体验,可以此为基础进行改进,进一步丰富、完善方案的构思,深入方案设计。

按上板要求的比例将方案放大,制作较准确的模型,以利深入推敲方案,修改平、立、剖面图。选取适当角度,绘制建筑透视草图,通过透视图,进一步对设计方案进行全面推敲。本阶段除按设计要点全面推敲方案外,要着重考虑以下几个方面:

①平面图:确定房间的开间、进深以及门窗位置。按照度假生活的需要及人体尺度要求布置床、沙发、桌椅等家具,厨房、卫生间等设备。确定室内外高差,画出台阶与散水,布置室外平台、庭园、绿化。计算建筑面积及相关技术经济指标。

②剖面图:确定室内各部分楼地面的标高及相互关系(以室内首层主要地坪标高为±0.00),确定楼梯的剖面形式、坡顶的排水方向以及门窗高度。选取最能表达方案剖面高差变化的剖切面画出剖面图,注明室内外标高及楼层标高关系。山地别墅应在画出基地剖面形式的基础上,进行剖面设计,在巧妙利用地形高差的同时,可适当改造地形。

③立面图:考虑建筑体型组合,确定屋顶形状、建筑材料,推敲门窗大小、位置、形状及墙面的虚实对比关系,确定窗扇的划分以及开启扇与固定扇的关系。

④透视和模型:利用透视图进一步调整建筑体型组合,推敲建筑的细部设计,对入口及建筑周边环境进行设计。利用室内透视对起居室、餐厅等主要空间进行设计。通过工作模型推敲室内外空间、形体与环境设计。

设计要求如下:

①平面图:各功能空间尺寸确定,门窗位置较准确表示;

②立面图:造型美观、比例良好、入口突出,加配景;

③剖面图:应注明各主要标高,注意剖线、看线的区分,其余要求如第一次草图;

④草模:研究建筑体部关系、与环境的关系、细部处理等;

第二次草图阶段要求制作较准确的模型,图纸内容、比例尺应与正式表现图相同,要求铅笔或钢笔工具绘制。

(5)调整、上板阶段(17 学时)

①完善设计方案。完善设计方案,深化上板所需各图纸的细节,进行排版构思。

②绘制正式图纸。绘制正式图纸及制作模型,充分表现自己的设计意图。

a.调整图阶段要求:按图面构图要求,将任务书要求的各图及说明进行图面布置,要求重点突出,均衡稳定,疏密得当;使用笔线工具完成各图。

b.正式图阶段要求:调整图面位置,达到重点突出、图面均衡、互相穿插、疏密适度。切忌整齐排列、图面中空、拥挤失重、平等均分等;打轻稿(H 或 2H 铅笔),要求图面整洁,线条精细(不允许刻图,凡刻图者视为不及格);检查有无错误,透视图小稿上色;加重线条或上墨线(色线),要求线型分明,线条流畅;检查、修图;完成正式图。

③正式表现图。正式表现图要求用尺规绘制,钢笔淡彩。

设计要求如下:

a.平、立、剖面图相互符合,注明比例尺。

b.线条粗细疏密有致,图面线型分四等线。最粗线:如剖、立面图的地坪线等;粗线:如平、剖面图墙线、剖面屋顶、楼板线、立面轮廓线等；细线：如立面图门窗线、平面图家具及各种投影线等；最细线：如立面图墙面及门窗分格线等。

c. 图面整齐，字迹工整，构图匀称。

d. 注明班级、姓名、交图日期、指导教师、技术经济指标（建筑面积、建筑密度、容积率等）。

4）图纸具体要求

各项图纸大小统一，尺寸为 A1：841 mm × 594 mm。

（1）平面图（1：100）

①注明房间名称，绘出家具布置及厨、卫布置（不注尺寸）；

②表明门的开启方向；

③首层绘出台阶、平台、花池、散水、绿化、铺装和建筑小品等环境设计内容；

④二层绘出首层屋顶平面可见线；

⑤绘箭头标明主次入口，注明剖切线、楼梯、台阶的上下方向等。

（2）剖面图（1 个，1：100）

①剖切位置应选在标高显著变化处；

②剖线与可见线粗细有别；

③屋顶等部分只给出轮廓线，不必绘构造；

④绘出室内可见的主要家具；

⑤注明建筑标高（以室内地坪标高为 ±0.00 m），绘一个人（1.7 m），以示比例关系。

（3）立面图（2 个，1：100）

①表示建筑体型组合关系；

②区别各种建筑材料，对墙面进行划分，对檐口、勒脚等进行处理；

③正确绘制门窗的大小，推敲窗的划分及开启扇、固定扇的关系；

④通过阴影表现建筑体型和起伏变化；

⑤绘制建筑配景。

（4）总平面图（1：200）

①绘制指北针；

②表示建筑阴影；

③绘制出入口箭头；

④简要表示平台、道路、地形、树木及与周围环境的关系等。

（5）透视图

①室外透视图 1 张，可平视或俯视。表现建筑的体形关系、材料质感及细部设计，表现建筑与环境的关系和度假别墅的环境氛围。

②室内透视一张，表现起居室、餐厅等主要空间的设计构思。

（6）模型（1：100）

模型的材料自定，以能准确表达自己的设计为准则。

对模型的要求如下：

a. 不仅要较好地表达建筑本身，也要很好地表达环境。模型底盘应有环境设计内容。

b.概括表达建筑材料或色彩,模型可以是彩色的,也可以是单色的。

c.模型照片应贴于正式图上。

5）设计任务

今拟修建别墅一幢（见表5.3）。使用者身份、职业特点、家庭结构和生活习惯由学生自定。建筑可分为1～3层,结构形式和材料选择不限。

表 5.3　拟建别墅功能空间及要求

空间名称	功能要求	面积
起居空间	包含会客、家庭起居和小型聚会等功能	自定
*工作空间	视使用者职业特点而定,可作琴房、画室、舞蹈室、娱乐室、健身房和书房等,可单独设置亦可与起居室结合	自定
主卧室（1 间）	要求带独立卫生间和步入式衣帽间	自定
次卧室（1～2 间）	可考虑设壁柜等储藏空间	不小于 10 m²/间
客人卧室（1 间）	与主卧适当分开	不小于 10 m²
餐厅	应与厨房有较直接的联系,可与起居空间组合布置,空间相互流通	自定
厨房	可设单独出入口,可设早餐台	不小于 6 m²
卫生间（3 间以上）	主卧独用,次卧与客卧可合用,起居室必须附设公用卫生间	自定
储藏空间（1 处或多处）	供堆放家用杂物,或存放日常用品等	自定
洗衣房	设洗衣机、盥洗池	可结合卫生间设置,也可分开设置,分设洗衣房不小于 3 m²
车库	至少停放一辆小汽车	3.6 m×6 m

注:带*者为可设可不设,其他房间均应满足。

以上内容供学生参考,可根据使用者的不同特点自行调整,各部分房间面积亦可自定,总建筑面积控制在400 m²（±10%）。

6）进度安排

教学进度安排详见表5.4。

表 5.4　教学进度安排

阶段	学时	每周第一次课	每周第二次课	教学要求
快速设计	6	辅导	快速设计	图纸要求: ①平面图（1:200）; ②总平面图（1:500）; ③草模 1 个; ④构思意向

续表

阶段	学时	每周第一次课	每周第二次课	教学要求
一草阶段	3	辅导		一草图纸要求： ①各层平面图(1:200)； ②剖面图(1:200)； ③草模(1:200)
	6	辅导	一草评图	
二草阶段	9	辅导	辅导	二草图纸要求： ①平面图(1:100)； ②立面图(2个,1:100)； ③剖面图(1个,1:100)； ④总平面图(1:200)； ⑤室外透视草图； ⑥较准确的工作模型
	3	全班评图		
调整阶段	3	辅导		调整、完善方案,深入推敲平、立、剖面图和透视图,做图面构图和上板准备
	6	辅导,上板		
上板阶段	6	表现		正式表现图要求： ①平面图(1:100) ②立面(2个,1:100) ③剖面(1个,1:100) ④总平面(1:300) ⑤透视图(室内室外各1个,自由手绘) ⑥模型1个
成果提交	2	交图		

注意事项：

①图纸规格统一为 A1:841mm×594mm。

②上板图要求手绘,不得用计算机绘图。

③提倡从一草起以模型推敲方案。

其他要求：

①徒手画训练:要求学生每周完成至少两幅徒手画,表现方法不限。内容可以是临摹成熟作品,也可以临摹照片或写生,最后由指导教师计入平时成绩。

②设计日志:要求学生完整记录整个作业进行的过程,将平时的构思草图,调研资料、照片、笔记,工作模型照片,过程草图,徒手画练习作品等,在学期末一并装订成册(也可复印)上交。未完成此项工作者不予评定设计成绩。

7)评分细则

评分细则详见表5.5。

表5.5　评分细则表

评分项目	分值
（1）总平面布置合理	20
①主、次入口位置恰当	3
②室外环境组织合理	7
③能够利用地形条件、地物、地貌	4
④总平面图表达完全（包括建筑、道路、硬地、树木、草地、台阶、指北针等）	6
（2）功能分区明确、行为流线顺畅	30
（3）图纸表达清晰、准确	40
①平、立、剖面图一致	10
②尺度合理（包括开间、进深、层高、门窗尺寸，家具尺寸及布置等）	10
③室内外高差处理正确	7
④台阶、花池、散水等图面表达准确	5
⑤图面线型清晰，效果好	8
（4）渲染图表现清晰	10

第6章 建筑设计原理与设计（二）

6.1 课程实验概述

6.1.1 本课程实验的内容与任务

本课程是城乡规划专业的专业必修课（专业基础课）。课程内容包括建筑的环境设计、总体布局、空间组合、造型艺术、技术经济以及常见的公共建筑设计等，使学生了解公共建筑设计的一般特点，掌握关于公共建筑的基本原理、设计要求及设计方法，并最终能独立处理功能、技术与空间之间的关系，从而提高建筑设计能力。

通过本课程的教学，使学生在已有房屋建筑知识的基础上，进一步加强对常见公共建筑（以小型公共建筑为主）的设计要求的了解，从而提高学生公共建筑的设计能力，并为毕业设计和今后工作打下良好基础。

6.1.2 本课程实验的基础知识

本课程实验要求掌握的基础知识主要有《建筑工程制图》《建筑设计基础》《建筑设计原理与设计（一）》和《建筑表现》等方面的知识，也就是要具有一定建筑工程制图的知识。

6.1.3 实验教学的目的和要求

1）教学目的

①本课题的主题是要解决建筑设计中的组合问题。这里所说的"组合"包括多个功能单元体的组合及建筑形体的群体组合两个主要方面。通过"组合"的设计训练，学习在较大规模的建筑中处理问题的方法，并从中建立正确的设计观念。

②培养独立调研的能力，学习倾听使用者的需求。让复杂的社会及人为因素介入设计过程，从而强化"建筑以人为本"的思想。

③学习在设计中运用已知的构造、结构知识，让设计具备初步合理的技术支撑条件。

④加强建筑设计图面表达的训练，提高图纸基本功水平。

2）教学要求

①初步掌握建筑设计方案的步骤与方法；

②处理好功能分区、动静关系及流线关系；

③训练和培养建筑构思能力；

④初步理解室内环境的设计原则和建立室外环境设计观念；

⑤初步理解室外环境构成要素与建筑的关系；

⑥具有初步处理建筑功能、技术、建筑艺术等相互关系和组织空间的能力；

⑦运用水彩渲染技法表现设计成果。

3)本课程实验教学项目与要求(见表6.1)

表 6.1 建筑设计原理与设计(二)实验教学项目与要求

序号	实验项目名称	学时	实验类别	实验要求	实验类型	每组人数	主要设备名称	目的和要求
1	基础调研分析	12	专业基础	必修	验证	1	图板、绘图纸若干、丁字尺、三角板、铅笔、针管笔、彩铅或马克笔或水彩及现有的图面材料等	①收集相关资料; ②参观前以小组为单位,根据调研提纲自行提出设想问题; ③参观调研完后作出各种分析,要求图文并茂
2	小型公共建筑设计	44	专业基础	必修	综合	1	图板、绘图纸若干、丁字尺、三角板、铅笔、针管笔、彩铅或马克笔或水彩及现有的图面材料等	①进行小空间、室内外空间的组合训练,功能分区与流线组织; ②单体→总体;总体→单体的设计构思程序; ③功能、空间、形态和结构之间的辩证统一关系,设计构思的草图表达

6.2 基本实验指导

实验一 基础调研分析

1)实验目的

通过基础调研,收集相关资料(图纸与文献),掌握基本的功能分区、动静区分及流线关系,学会利用图示语言来表达设计成果。

2)实验要求

验证操作。

3)主要仪器及耗材

图板、绘图纸若干、丁字尺、三角板、铅笔、针管笔、彩铅或马克笔或水彩及现有的图面材料等。

4)实验内容

(1)调研方式

以小组为单位,每组4人。

(2)参观对象

小组自行决定,每组参观调研2个幼儿园。

（3）参观调研要求

①收集幼儿园建筑相关资料,每人收集案例不少于 3 个。

②参观前以小组为单位,根据调研提纲自行设想问题,可根据建筑中不同的使用人群（幼儿、教师、工作人员等）制作调查问卷,问卷题目不少于 20 个。

参观调研提要:

结合实例分析平面组合的方式。其有何特点?

建筑采用哪种风格? 是否体现童趣?

观察幼儿园总平面组合中,活动室与卧室分开与合并各有哪些利弊?

活动室的形状与大小如何? 各有什么特点?

各种形状的活动室如何布置?

如何合理安排活动室与卫生间、卫生间与卧室之间的关系?

怎样合理安排服务用房及供应用房的位置?

卫生间及洁具的具体尺寸与成人有何不同? 如何布置?

有几个疏散通道? 楼梯位置如何布置?

楼梯有哪些类型?

对所参观幼儿园作出各种分析,要求图文并茂。

a. 地形分析:建筑与基地的关系、入口位置的选择等。

b. 功能关系分析:泡泡图及方块图表示。

c. 流线分析:分析幼儿、教师、工作人员行走路线,幼儿活动路线。

d. 空间分析:各空间的联系方式,室内外空间的过渡,大小空间的组合方式,动静空间的分区及联系,如何组织、变化、活跃空间等。

e. 形体分析:立面的比例关系等。

f. 材质分析:如何获得亲切而又活泼的教学及生活氛围。

（4）提交内容

①调查问卷:文字。

②问卷分析报告:图文并茂。

③地形分析:图示。

④功能分析:图示。

⑤流线分析:图示。

⑥空间分析:图示。

⑦形体分析:图示。

⑧材质、色彩分析:图示。

5）实验成果要求

（1）图纸规格及要求

A1 绘图纸,钢笔墨线表达,尺规作图,标注尺寸,可适当利用彩铅;注意版面布局。

（2）模型(1:200)

不仅要较好地表达住宅本身,也要较好地表达住宅内部空间的布局。模型可以是彩色的,也可以是单色的。

6)实验进度及课程计划

本实验时间共计3周。

第一周:授课、资料收集及分析;

第二周:草图、草模;

第三周:定稿,完成模型、绘制正图,方案汇报。

7)实验评分标准

图纸(35%)+模型(30%)+方案汇报(35%)。

实验二　小型公共建筑设计

1)实验目的

①本课题的主题是解决建筑设计中的组合问题。这里所说的"组合"包括多个功能单元体的组合及建筑形体的群体组合两个主要方面。通过"组合"的设计训练,学习在较大规模的建筑中处理问题的方法,并从中建立正确的设计观念。

②培养独立调研的能力,学习分析使用者的需求。让复杂的社会及人为因素介入设计过程,从而强化"建筑以人为本"的思想。

③学习在设计中运用已知的构造、结构知识,让设计具备初步合理的技术支撑条件。

④加强建筑设计图面表达的训练,提高图纸基本功水平。

2)设计要求

①紧密结合地形、地貌和周围环境进行总体设计,功能分区明确,流线组织合理。满足幼儿园建筑在儿童生理、心理、安全、卫生保健及管理等方面的综合需要。

②从多角度、全方位进行幼儿园的总体设计构思,使平面布局活泼多变,建筑形象趣味性浓郁,建筑空间及形体组合丰富多彩,造型新颖。创造符合"童心"特征的建筑形式和空间环境。给幼儿创造安全、舒适、合理的物质环境和精神环境。

③对建筑进行具有新意的探索,借鉴有益的创作手法,创作出亲切、活泼、多变的娱乐教育空间环境。

④着重分析教与学的空间需求,创造丰富的、亲切的教学和生活场所,使娱乐与学习,室内与室外形成一个连续的整体。

⑤做好室外活动场地的设计,使建筑的内外空间协调统一,让儿童充分享有阳光和空气。

⑥结构及构造选型合理,空间及设施符合儿童的人体尺度要求。

⑦建筑密度不大于30%,绿地率不小于35%。

3)空间组成及建筑面积

某小区拟建整日制(日托)幼儿园一座,共6个班,每班近30人,主要解决本区内幼儿入园问题,并适当考虑为临近区域服务,根据任务书中提供的技术资料进行建筑方案设计。

①建筑规模:拟建幼儿园招收3~7岁学前儿童6个班,每班30名学生,共180人。总建筑面积不超过1800 m^2($\pm$5%),内部功能详见表6.2。

②门厅、走道、楼梯及室外活动场地等自行考虑。室外活动场地布置(集体游戏场地、班

级游戏场地(50~80 m²/班)、戏水池、沙坑、器械活动场地、道路、绿化、植物园地、小动物房等设施视场地情况进行设计。

表 6.2　各功能单元面积要求

序号	房间名称	每间使用面积/m²	间数	使用面积小计/m²	建筑设计要求
1	幼儿教室			802~954	
	活动室	55~65	6	330~390	兼作餐厅
	卧室	40~50	6	240~300	采用面积为 40 m² 的卧室,必须改变卧室形式;卧室与活动室分设,卧室面积可适当减少。如果活动室和卧室合并,面积为 85~90 m²
	卫生间	15	6	90	卫生间可分为厕所和盥洗室两部分,盥洗室内有盥洗台、水龙头、毛巾钩、水杯架、拖布池等设施。卫生间设置大便器 4 个、小便槽 1 m,洗手龙头 6~8 个、污水池 1 个
	衣帽储藏室	7~9	6	42~54	主要供衣物储存,可设成小间和壁橱
	音乐活动室	100~120	1	100~120	可设置简易舞台和器具设备
2	办公及辅助用房			192	
	办公室	15	3	45	园长、总务、财务各一间
	教师备课室	15	3	45	兼作会议室及教具制作间
	晨检接待室	18	1	18	可与门厅相结合
	医务保健室	18	1	18	其中分出一小间做临时隔离室
	传达兼值班室	18	1	18	
	总务库房	15	2	30	供储存体育器具,总务用品及杂物
	教工厕所			18	
3	生活用房			91~101	
	厨房(含主、副食加工及配餐)	50~55	1	50-55	
	主、副食库	15	1+1	15	主、副食库宜分开设置,另设杂物院
	烧火间	8		8	
	开水、消毒室	8~10	1	8~10	
	炊事员休息室	10~13	1	10~13	
合　计		1 085~1 247 m²			总建筑面积:1 710~1 890 m²

4)地形及技术条件

建设基地条件如图 6.1 至图 6.6(三选一)所示。

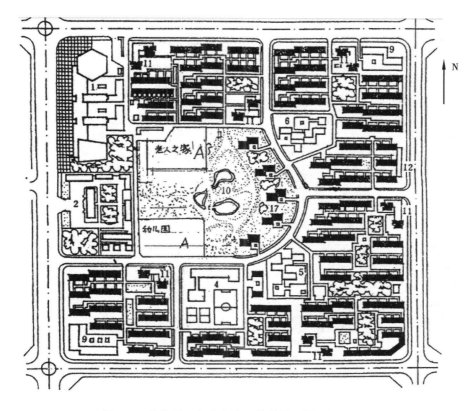

图 6.1 幼儿园、老人之家用地总平面图 A(1 : 2 000)

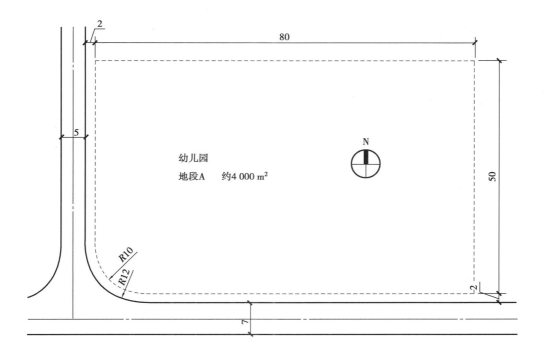

图 6.2 幼儿园地段 A

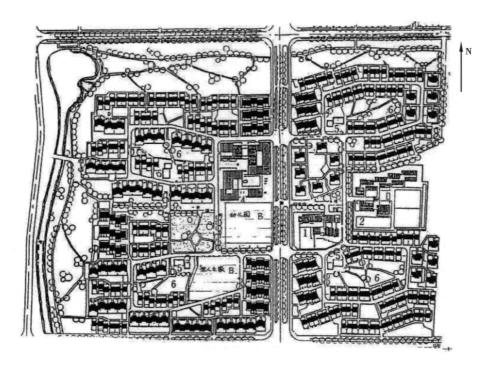

图6.3　幼儿园、老人之家用地总平面图 B(1∶2 000)

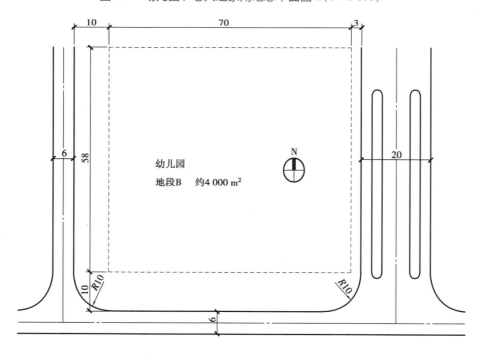

图6.4　幼儿园地段 B

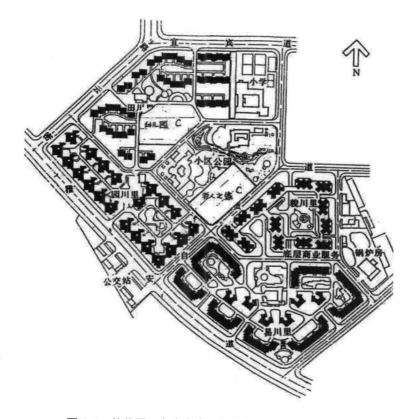

图 6.5　幼儿园、老人之家用地总平面图 C (1 : 2 000)

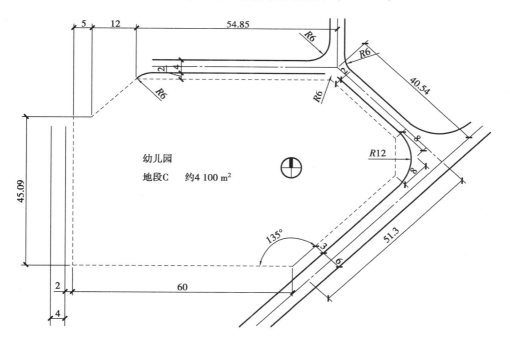

图 6.6　幼儿园地段 C

要求层数不超过3层,结构可用砖混或钢筋混凝土框架形式。主要空间应争取良好的自然采光和通风条件。项目范围内水电基础设施齐备。

5)设计方法及步骤

①分析研究任务书,明确设计的目的和要求,根据所给条件,算出各类房间所需数目及面积,需注意幼儿园建筑在安全和卫生方面的特殊要求。

②带着问题学习设计基础知识和任务书上所提参考资料,参观已建成的同类建筑,开阔眼界,扩宽思路。

③在学习参观的基础上,对设计要求、具体条件及环境进行功能分析,从功能角度找出部分、各房间的相互关系图集位置。

④进行体块设计,即将各类房间所占面积粗略地估计平面和空间尺寸,用徒手单线画出初步设计方案的体块示意(比例为1:500)。

⑤在体块设计基础上,划分房间,进一步调整各类房间的细部之间的关系,深入发展成为定稿的平、立、剖面草图(比例为1:100~1:200)。

6)设计成果要求

①总平面图(1:500):画出准确的屋顶平面并注明层数,注明各建筑出入口的性质和位置;画出详细的室外环境布置(包括道路、活动场地、30 m 跑道、绿化小品等),正确表现建筑环境与道路的交接关系;标注指北针。

②各层平面图(1:200):应注明各房间名称(禁用编号表示),首层平面图应表现局部室外环境,画剖切标志。

③立面图(不少于2个,1:200):制图要求区分粗细线来表达建筑立面各部分的关系。

④剖面图(1:200):应选在具有代表性之处。

⑤活动单元放大图(1:50):详细家具布置。

⑥设计说明,技术经济指标:技术经济指标包括总建筑面积、总用地面积、建筑密度、建筑容积率、绿地率等。

⑦分析图,室内外空间局部透视图。

⑧效果图(表现方法不限)。

⑨图幅:1#标准图纸。

7)设计进度及课程计划

(1)资料收集、现场调研(4学时)

①课堂内容:

a.讲授幼儿园建筑设计的基本原理;

b.参观、调研。

②作业:

a.4~5人为一小组,自选市区幼儿园进行实地调研;

b.网络图书资料查询分析;

c.完成调研报告,成果为A1图两张(含总平面图、住宅单体、绿化布置等)。

(2)调研成果汇报(4学时)

①课上内容:评析讲解调研报告(两节课分4组)。

②作业：

a. 场地分析及总平面图方案构思；

b. 制作幼儿园基本单元模型。

(3)方案构思分析(8 学时)

①课上内容：

a. 提交场地分析报告并讲解；

b. 总平面图初步草图修改；

c. 提交幼儿园基本单元设计模型。

②作业：

a. 幼儿园方案设计(平、立、剖面图设计)；

b. 制作幼儿园基本单元组合设计模型。

(4)一草设计修改(12 学时)

①阶段草图一(功能、环境分析与方案构思)：正确理解幼儿园设计要求,分析任务书所给条件;进行多方案构思比较,选出优良者做出初步方案。

a. 了解各房间的使用情况,所需面积,各房间之间的关系；

b. 分析地段条件,确定出入口的位置,朝向；

c. 对设计对象进行功能分区；

d. 合理组织人流流线；

e. 建筑形象符合建筑性格和地段要求,建筑物的体量组合符合功能要求,主次关系不违反基本构图规律。

②课上内容：

a. 幼儿园方案设计(平、立、剖面图设计)修改；

b. 提交幼儿园基本单元组合设计模型。

③作业：

a. 完成幼儿园设计初稿；

b. 总平面图(1∶500)；

c. 基本单元平、剖面图设计及家具布置(1∶100)；

d. 方案平、立、剖面图(1∶300)。

(5)二草设计修改(8 学时)

①阶段草图二(平面组合与空间构思,造型研究)：

a. 进行总图细节设计,考虑室外台阶、铺地、绿化及户外活动设施布置；

b. 根据功能和美观要求处理平面布局及空间组合的细节,如妥善处理楼梯设计,卫生间设计等；

c. 确定结构布置方式,根据功能及技术要求确定开间和进深尺寸,通过设计了解建筑设计与结构布置关系；

d. 研究建筑造型,推敲立面细部,根据具体环境适当表现建筑的个性特点。

②作业：

a. 完成幼儿园设计二草；

b. 总平面图(1:500);

c. 基本单元平、剖面设计及家具布置(1:100);

d. 方案平、立、剖面图(1:200)。

(6)三草设计修改(8学时)

阶段草图三(功能完善,空间造型比例推敲)。

(7)设计定稿(8学时)

①定稿图。

②课上内容:幼儿园设计定稿修改。

③作业:绘制正图、制作方案模型。

(8)正稿、快题(4学时)

①正稿(图纸成果表达)。

②快题设计。

(9)第16周

以上内容完成后,提交正图和设计方案模型。

8)评分标准

(1)总成绩 = 平时成绩(30%) + 设计作业(70%)

①平时成绩主要由平时作业平均成绩和平时表现成绩(以100分为基点,上课点名缺一次扣5分)组成。

②设计作业成绩主要由每个阶段的阶段分平均成绩、快速设计成绩和最终成果成绩三部分成绩构成。

(2)最终设计成果评分标准(见表6.3)

表6.3　评分标准表

评分项目	分值
(1)总平面布置合理	20
①主、次入口位置恰当	3
②室外环境组织合理	7
③能够利用地形条件、地物、地貌	4
④总平面表达完全(建筑、道路、硬地、树木、草地、台阶、指北针等)	6
(2)功能分区明确、行为流线顺畅	30
(3)图纸表达清晰、准确	40
①平、立、剖面一致	10
②尺度合理(包括开间、进深、层高、门窗尺寸,家具尺寸及布置等)	10
③室内外高差处理正确	7
④台阶、花池、散水等图面表达准确	5
⑤图面线型清晰,效果好	8
(4)渲染图	10

9）其他要求

①图纸规格为A1（841mm×594mm），必须用白纸，不得拼贴。

②上板图必须手绘，不得用计算机绘图。

③各阶段均提倡以模型推敲方案。

10）各功能单元要求（见表6.4）

表6.4 各功能单元要求

功能分区	房间名称	功能要求	家具设备内容
一、生活用房	1.活动室	①考虑活动室多功能使用要求，保证活动圈半径不小于2.5~3.0 m； ②主要活动方式有听故事、唱歌、跳舞、桌上作业和室内游戏等，视活动特点灵活摆放家具； ③亦可考虑划分若干个区域，如音乐角、美工角、游戏角等，可利用家具或游戏设施划分； ④活动室需保证一定面积的实墙面用于儿童作业展示； ⑤要求有较好朝向，如朝南、东、西南、东南	①活动桌1 000 mm×700 mm（供4~6人使用）； ②椅子（每人1把）； ③风琴1台； ④玩具柜、教具柜、图书架若干； ⑤活动黑板1个； ⑥开饭桌（放置饮水桶、口杯架等）； ⑦可设教师写字桌和活动游戏设施
	2.卧室	①卧室可单独设置，也可与活动室合并，合并时面积可减小至80%（相应总建筑面积也应减少）； ②可设折叠式、活动式床，亦可设地铺、通铺式（南方宜采用）； ③设壁柜用于存放被褥等； ④卧室应与厕所联系方便； ⑤也可考虑设计跃层形式，通过楼梯与活动室联系，卧室设于上层时应附设小厕所（1个厕位）	①儿童床（1 300~1 400）mm×（650~700）mm（每人1张，高度距地400 mm左右）； ②被褥贮存柜
	3.卫生间	①需使用方便，并适合儿童集体使用要求，避免出现"瓶颈处"； ②与活动室联系密切，应考虑教师可以方便地观察儿童在内的活动	①盥洗台、水龙头、毛巾钩、水杯架； ②淋浴或盆浴2处，炎热地区可考虑冲凉要求； ③拖布池1个（也可设于厕所内）

续表

功能分区	房间名称	功能要求	家具设备内容
一、生活用房	4. 厕所	①单独设置，与卫生间联系方便，可呈穿过式； ②与卫生间均需做地面防水处理，便于教师观察管理	①小便池供4人同时使用； ②大便器4个以上（可考虑设1.2 m高隔板，每间厕所位800 mm×700 mm）； ③可考虑设教师厕位1个
	5. 衣帽间、教具贮存间	①衣帽间应设于各班入口处，与教具贮存间可分可合。 ②可设计为开敞形式	①衣帽柜； ②教具贮存柜
	6. 音乐活动室	①要求有较好的朝向、通风条件； ②既接近活动单元，又适当分开； ③接近公共活动场地； ④入口空间可适当放大，也可与门厅组合； ⑤考虑多功能大型活动要求，应交通方便，空间形状便于灵活使用； ⑥设至少两个出入口，一个对内，一个直接对外； ⑦可考虑设储存室； ⑧注意设计一定面积的实墙面	①钢琴1台； ②活动桌椅； ③可设电视、放映设施及小舞台
二、服务用房	1. 办公室	①行政办公室包括园长室、会计室； ②教师办公、休息更衣室	相应办公家具
	2. 会议室	①兼做资料室； ②考虑开家长会等要求	相应家具
	3. 保健室	①用于体检、小病处理； ②可设隔离室	相应家具
	4. 晨检室	①用于每日儿童入园检查； ②可兼作接待室； ③需靠近入口，或与门厅结合做成开敞式	①晨检桌椅； ②接待座位
	5. 教具、作品陈列室	教具和作品陈列储存	
	6. 储藏室		
	7. 值班室	位置应便于对全园管理和保卫	休息床位、桌椅
	8. 传达室	靠近入口，可兼作广播室，也可与值班室合并	
	9. 教工厕所	应考虑女保育员多的特点，女厕所应略大	①女厕所设厕位1~2个； ②男厕所厕位1个，小便斗1个； ③男女厕所设洗手池1个； ④拖布池1个

续表

功能分区	房间名称	功能要求	家具设备内容
三、供应用房	1. 厨房	主、副食加工间	
		配餐	
		主、副食库	
		厨房需确保卫生,闲杂人员不得入内;需设独立入口、杂物院,考虑运输问题,应有回车场	
	2. 消毒洗涤开水间	可分成两间,也可合并。考虑使用方便,不可套在厨房中	
	3. 炊事员休息室		
四、室外场地		①绿化(>2 m²/每生)含花圃、动物角(两种以上)和小品等; ②每班室外活动场地(>2 m²/每生),每班面积≥60 m²,一般以硬地面为主,设洗手池 1 个,设砂坑<8 m²(深度为 30 cm); ③室外公共活动地:(>2 m²/每生),总面积≥280 m²,用来设置大型活动器械、戏水池(深 30 cm),砂坑(小于 30m²)及 30 m×6 m 直跑道,应保证有集体活动空场地 17 m×17 m(可包括跑道); ④室外场地要求有良好朝向,保证每日 3 h 室外活动; ⑤场地位置应避免大量人流穿行	
备注		① 6 个班幼儿园总建筑面积控制在 1 800 m² 左右,上下浮动不超过 5%; ② 5 个班幼儿园总建筑面积控制在 1 650 m² 左右,上下浮动不超过 5%; ③活动室净高不低于 2.8 m,窗地比不小于 1:5; ④卧室净高不低于 2.8 m,窗地比不小于 1:6; ⑤音体活动室净高不低于 3.6 m,特殊形状最低处不低于 2.2 m,窗地比不小于 1:5; ⑥音体活动室需考虑防火疏散要求,门洞宽≥1.5 m,门扇对外开启; ⑦服务用房净高不低于 2.5 m,窗地比不小于 1:8; ⑧门厅、过道设计应便于展示儿童作品; ⑨建筑层数不得超过两层,建筑细部尺寸和家具尺寸需符合托幼建筑的设计规范	

注:如需要增加一些新型教室,如计算机、英语视听室等,总面积可再增加 50 m²。

第7章 城乡规划原理

7.1 课程实验概述

7.1.1 本课程实验的基础知识

本课程实验要求掌握经济数学方面的基础知识。

7.1.2 实践教学的目的和要求

城乡规划原理是城乡规划专业必修的核心专业课程之一。在理论教学的基础上,通过本课程实验教学,使学生能运用规划理论和相关知识预测城乡规划中的人口数量,评价城乡建设用地选择,主导产业确定以及总体布局等,为后续的城市总体规划、城市设计与人居环境规划奠定良好的技术和方法基础。

7.1.3 本课程实验教学项目与要求(见表7.1)

表7.1 城乡规划原理课程实验教学项目与要求

序号	实验项目名称	学时	实验类别	实验要求	实验类型	每组人数	主要设备名称	目的和要求
1	城市人口分析与预测	6	专业基础	必修	研究	2~3	计算机	使学生掌握城乡规划中人口预测的程序和方法
2	建设用地评价	8	专业基础	必修	研究	2~3	计算机	使学生掌握城乡建设用地的评价方法
3	经济产业分析	4	专业基础	必修	研究	2~3	计算机	巩固和深化学生所学的理论知识,提高知识面和理论联系实际的能力,掌握城市产业定位的方法,了解产业定位与城市规划的关系,切实提高分析问题和解决问题的能力

7.1.4　考核与成绩评定

本实验的考核方式为考查,成绩评定由平时成绩、报告成绩、设计成绩组成。其中平时成绩占30%,报告成绩占30%,设计成绩占40%。最终的实验成绩以20%的比例计入课程成绩。

7.2　基本实验指导

实验一　城市人口分析与预测

1)实验目的

通过分析人口发展现状与预测未来,熟悉城市人口预测规范,掌握人口预测方法,提高学生理论联系实际的能力。

2)城市人口预测方法

城市人口是指城区(镇区)的常住人口,即停留在该城市(或镇区)半年以上,使用各项城市设施的实际人口。

城市人口预测是城市规划中的重要基础工作之一。人口预测是城市规划中测算居住用地、公共事业用地、商业用地以及道路交通、市政设施的重要依据。由于城市人口始终处于动态变化之中,其规律难以把握,因此通常通过不同的方法分类预测,在获得多个预测方案的基础上进行综合确定,或以某几种方法为主,辅助于环境空量等方法进行校核,最终来确定城市未来人口。

城市人口预测常用的方法有综合增长率法、职工带眷系数法、时间序列法、剩余劳动力转移法、劳动力需求预测法、经济相关分析法、环境容量法、水资源承载力法等,详见表7.2。

表7.2　人口预测学常用方法

预测方法	预测数学模型	参数指标	适应范围	预测步骤
1.综合增长率法	$P_t = P_0(1+r)^n$	P_t——预测目标年末人口规模; P_0——预测基准年人口规模; r——人口年均增长率; n——预测年限。 (关键是科学合理地确定m、k)	经济发展稳定,人口增长率变化不大的城市(注意人口基数的增大和年龄结构的老龄化对增长率的影响)	(1)确定该城市近几年的m、k; (2)确定该城市规划期内的m、k; (3)将m、k带入上述公式计算即可

续表

预测方法	预测数学模型	参数指标	适应范围	预测步骤
2. 职工带眷系数法	$P_n = P_1 \times (1 + a) + P_2 + P_3$	P_n——规划末期人口规模； P_1——带眷职工人数； a——带眷系数； P_2——单身职工人数； P_3——城市其他人口数。 （关键是科学合理地确定 a）	建设项目已经落实，人口机械增长稳定，需估算新建工业企业和小城市人口的发展规模	（1）根据职工情况求 P_1、P_2 及 P_3； （2）确定带眷系数； （3）将值代入上述公式计算即可
3. 时间序列法	$P_t = a + b\,Y_t$	P_t——预测目标年末人口规模； Y_t——预测目标年份； a、b——参数	适合于城市人口中有长时间统计数据且起伏不大，未来发展趋势不会有较大变化的城市	
4. 劳动力需求预测法	$P_t = \dfrac{\sum\limits_{i=1}^{3} Y_t \times W_i / y_i}{x_t}$	P_t——预测目标年末人口规模； Y_t——预测目标年 GDP 总量； y_i——预测目标年第 i（例如一、二、三）产业的劳均 GDP； W_i——预测目标年第 i（例如一、二、三）产业占 GDP 总量的比例（%）； x_t——预测目标年末就业劳动力占总人口的比例（%）		
5. 经济相关分析法	$P_t = a + b\,\ln(Y_t)$	P_t——预测目标年末人口规模； Y_t——预测目标年 GDP 总量； a、b——参数		

预测方法	预测数学模型	参数指标	适应范围	预测步骤
6.环境容量法	$P_t = S_t / s_t$	P_t——预测目标年末人口规模； S_t——预测目标年生态用地面积； s_t——预测目标年人均生态用地面积	根据规划期末城市生态用地总面积,选取适宜的人均生态用地标准预测人口规模	
7. 水资源承载力法	$P_t = W_t / w_t$	P_t——预测目标年末人口规模； W_t——预测目标年可供水量； w_t——预测目标年人均用水量	根据规划期末可供水资源总量,选取适宜的人均用水标准预测人口规模	

3)实验内容

(1)人口基础资料(见表7.3)

表7.3　某城市人口资料一览表(2000—2012)

年份	总人口/万人	男性/万人	女性/万人	出生率/%	死亡率/%
2003	73.17	36.70	36.47	1.20	0.62
2004	73.89	37.10	36.79	1.19	0.88
2005	73.07	36.98	36.09	1.15	0.75
2006	74.67	37.50	37.17	1.22	0.86
2007	76.30	38.45	37.85	1.21	0.80
2008	77.03	38.9	38.13	1.20	0.82
2009	77.31	38.81	38.5	1.16	0.76
2010	77.81	39.30	38.51	1.16	0.70
2011	79.13	39.65	39.48	1.15	0.72
2012	80.17	40.36	39.81	1.13	0.70

（2）实验要求

①人口分析：依据上述人口资料进行人口结构及变化规律分析，并讨论其原因。

②人口预测：依据上述方法进行人口预测，采用至少 2 种数学模型预测至 2025 年和 2030 年城市人口。

③人口分析与预测报告。

实验二　建设用地评价

根据城乡发展的要求，对可能作为城乡发展用地的自然环境条件及其工程技术上的可能性与经济性，进行综合质量评定，以确定用地的建设适宜程度，为合理选择城乡发展用地提供依据。

1）评价原则及用地分类

（1）评价原则

①现场踏勘与调查资料分析相结合，定性分析与定量计算相结合的原则。

②优化城乡生态环境，可持续发展的原则。规避自然灾害，保障城乡用地的安全性，评定城乡用地的适宜性，提高城乡人居环境质量。

③适当考虑人为影响因素的原则。接受人类社会活动在城乡用地上已形成的特殊情况、现象及国家政策规定等人为因素的影响。

（2）建设用地适宜性分类

城乡用地评定必须划分确定城乡用地评定单元的建设适宜性等级类别；其建设适宜性等级类别应分为以下 4 类：

①不可建设用地。不可建设用地是指场地工程建设适宜性很差，完全或基本不能适应城乡建设要求，或具有很强的生态和人为因素影响限制的用地。

②不宜建设用地。不宜建设用地是指场地工程建设适宜性差，必须采取特定的工程措施后才能适应城乡建设要求，或具有较强的生态和人为因素影响限制的用地。

③可建设用地。可建设用地是指自然条件较好，场地较适宜工程建设，需采取工程措施后方能适应城乡建设要求，没有生态及人为因素影响限制的用地。

④适宜建设用地。适宜建设用地是指自然条件好，场地适宜工程建设，不需要或采取简单的工程措施即可适应城乡建设要求，没有生态及人为因素影响限制的用地。

2）用地评价的因素

依据《城乡用地评定标准》（CJJ132—2009）中规定，城乡用地评定指标类型分为基本指标和特殊指标，其中特殊指标包括一级指标 5 个，二级指标 18 个；基本指标包括一级指标 5 个，二级指标 18 个，详见表 7.4。

表 7.4　城乡用地评定指标体系表

序号	指标类型	一级指标	二级指标	城乡特征类别							
				建制市和县城				建制镇、乡和村			
				滨海	平原	高原	丘陵山地	滨海	平原	高原	丘陵山地
1-01	特殊指标	工程地质	断裂								
1-02			地震液化								
1-03			岩溶暗河								
1-04			滑坡崩塌								
1-05			泥石流								
1-06			冲沟								
1-07			地面沉陷								
1-08			矿藏								
1-09			特殊性岩土								
1-10			岸边冲刷								
1-11		地貌地形	地面坡度								
1-12			地面高程								
1-13		水文气象	洪水淹没程度								
1-14			水系水域								
1-15			灾害性天气								
1-16		自然生态	生态敏感度								
1-17		人为影响	各类保护区								
1-18			各类控制区								

续表

序号	指标类型	一级指标	二级指标	城乡特征类别							
				建制市和县城				建制镇、乡和村			
				滨海	平原	高原	丘陵山地	滨海	平原	高原	丘陵山地
2-01	基本指标	工程地质	地震设防烈度	○	○	○	○	○	○	○	○
2-02			岩土类型	○	○	○	○	▲	▲	▲	▲
2-03			地基承载力	√	√	√	√	√	√	√	√
2-04			地下水埋深	√	√	√	√	√	√	√	√
2-05			地下水腐蚀性	○	○	○	○	▲	▲	▲	▲
2-06			地下水水质	▲	▲	▲	▲	√	√	√	√
2-07		地貌地形	地貌地形形态	○	○	√	√	○	○	√	√
2-08			地面坡向	○	▲	○	√	○	▲	○	√
2-09			地面坡度	√	√	√	√	√	√	√	√
2-10		水文气象	地表水水质	▲	▲	▲	▲	√	√	√	√
2-11			洪水淹没程度	√	√	√	√	√	√	√	√
2-12			最大冻土深度	○	○	○	○	○	○	○	○
2-13			污染风向区位	○	○	○	○	○	○	○	○
2-14		自然生态	生物景观多样性	○	○	√	√	○	○	√	√
2-15			土壤质量	○	○	○	○	○	○	○	○
2-16			植被覆盖度	√	√	√	√	√	√	√	√
2-17		人为影响	土地使用强度	○	○	○	○	▲	▲	▲	▲
2-18			工程设施强度	○	○	○	○	▲	▲	▲	▲

注:1. 表中指标 1-01—1-18 为对城乡用地影响突出的主导环境要素。

2. 表中各类保护区包括自然保护区、文物保护区、基本农田保护区、水源保护区等;各类控制区包括湿地、绿洲、草地类生态敏感区,风景名胜区,森林公园,军事禁区与管理区,净空、区域管廊限制区等。

3. 表中"√"——必须采用指标;"○"——应采用指标;"▲"——宜采用指标。

3)评价步骤

城乡用地评定应按以下步骤进行:

①踏勘现场、搜集调查和分析整理资料;

②确定城乡用地评定区,并划分评定单元;

③确定各评定单元的评定指标和影响突出的主导环境要素,选取和确定评定指标赋分值及基本指标权重值;

④计算特殊指标综合影响系数、基本指标综合评定分值、各评定单元综合评定分值;

⑤根据评定单元的定性分析评定结论和定量计算评定分值,划分确定各评定单元的用

地评定等级类别,编制城乡用地评定报告文本及评定原则。

4)城乡用地评定方法

(1)城乡用地的评定量化方法

城乡用地评定定量方法,采用基本指标多因子分级加权指数和法与特殊指标多因子分级综合影响系数法,其计算公式如下:

$$P = K \sum_{i=1}^{m} w_i \cdot X_i$$

式中　P——评定单元综合评定分值;

　　　K——特殊指标综合影响系数;

　　　m——基本指标因子数;

　　　w_i——第 i 项基本指标计算权重;

　　　X_i——第 i 项基本指标分级赋分值。

(2)特殊指标综合影响系数 K

计算公式如下:

$$K = 1/ \sum_{j=1}^{n} Y_j$$

式中　$K < 1$,设 $n = 0$ 时,$K = 1$;

　　　n——特殊指标因子数;

　　　Y_j——第 j 项特殊指标分级赋分值。

(3)城乡用地评定的等级与分类

城乡用地评定的等级与分类,采用以评定单元涉及的特殊指标对城市用地适宜性影响程度:"严重影响""较重影响""一般影响"的分级定性法,具体划分用地的评定等级类别应符合下列规定:

①特殊指标至少出现一个"严重影响"(10 分)级的二级指标,即划定为不可建设用地;

②特殊指标未出现"严重影响"(10 分)级的二级指标,至少出现一个"较重影响"(5 分)级的二级指标,即划定为不宜建设用地;

③特殊指标未出现"严重影响"(10 分)级及"较重影响"(5 分)级的二级指标,至少出现一个"一般影响"(2 分)级的二级指标,即划定为可建设用地。

城乡用地的建设适宜性等级类别及用地评定特征应符合表 7.5 的规定。

表 7.5　城乡用地建设适宜性类别与用地评定特征表

类别等级	类别名称	用地评定特征				
		场地稳定性	场地工程建设适宜性	工程措施程度	自然生态	人为影响
I	不可建设用地	不稳定	不适宜	无法处理	特殊价值生态区	影响强
II	不宜建设用地	稳定性差	适宜性差	特定处理	生态价值优势区	影响较强

续表

类别等级	类别名称	用地评定特征				
		场地稳定性	场地工程建设适宜性	工程措施程度	自然生态	人为影响
III	可建设用地	稳定性较差	较适宜	需简单处理	生态价值脆弱区或生态价值良好区	影响较弱或无影响
IV	适宜建设用地	稳定	适宜	不需要或稍微处理		

以评定单元的用地评定分值划分用地评定的等级类别应符合表 7.6 的规定。

表 7.6   城乡用地建设适宜性评定等级类别划分标准分值表

类别等级	类别名称	评定单元的评定指标综合分值
I 类	不可建设用地	$P < 10.0$
II 类	不宜建设用地	$30.0 > P \geqslant 10.0$
III 类	可建设用地	$60.0 > P \geqslant 30.0$
IV 类	适宜建设用地	$P \geqslant 60.0$

5）基础资料收集

城乡用地评定前,必须取得城乡自然环境条件资料及下列文件和图件资料:

①地形图。大、中城市的比例尺为 1/10 000 ~ 1/25 000;各类城市的市区、新开发区及卫星城镇、小城市、建制镇的比例尺为 1/5 000 ~ 1/10 000;乡、村的比例尺为 1/1 000 ~ 1/5 000。

②城乡用地评定区范围内地质灾害严重的及多发区要取得地质灾害危险性评估报告。

③大、中城市的城市规划工程地质、水文地质勘察报告。

④城乡总体规划图纸和文本。

⑤城乡土地利用总体规划、城乡生态环境规划、相关的国土规划及区域规划、江河流域规划的图纸和文本资料。

⑥自然保护区、文物保护区、基本农田保护区、水源保护区、风景名胜区、森林公园、军事禁区与管理区、机场净空控制区等各类保护区、控制区的用地范围资料。

⑦城乡规划工程地质、水文地质勘察报告。

6）成果要求

（1）说明书内容框架（见表 7.7）

表 7.7   说明书内容框架

序号	名称	主要内容
第 1 章	前言	1. 概况; 2. 规划区、评定区范围和面积; 3. 城乡用地评定的目的、任务与要求

续表

序号	名称	主要内容
第 2 章	城乡用地评定方法	1. 评定原则和依据； 2. 评定方法
第 3 章	规划区、评定区环境特征概述	1. 历史地理简况； 2. 气候、气象条件概述； 3. 地貌地形特征概述； 4. 水文水系及现有防洪设施概述； 5. 地质特征概述； 6. 水文地质条件概述； 7. 评定区生态条件概述； 8. 资源概述
第 4 章	城乡用地综合评定	1. 评定单元划分方法； 2. 各评定单元建设适宜性评定； 3. 各评定单元特征及综合评分一览表； 4. 评定单元综合分值归并划分城乡用地类别等级； 5. 城乡用地评定结论
第 5 章	城乡用地选择的建议	1. 城乡用地有关地质灾害及洪涝灾害防治的建议； 2. 城乡用地选择的建议

（2）城乡用地评定图纸

图纸部分分为专题图与综合图两类，详见表 7.8。

表 7.8　城乡用地评定专题图、综合图编制的主题内容与图件名称表

类别	图件名称	主题内容	图纸比例	适宜对象
专题图	1. 用地评定要素图	强震区场地及断裂的分布、不良地质现象分布、地下水等深线、水系水域、矿藏分布，洪水淹没线、生态敏感度分区等	大中城市的比例尺：1/10 000 ～ 1/25 000； 小城市、建制镇的比例尺：1/5 000 ～ 1/10 000； 乡和村的比例尺：1/1 000 ～ 1/5 000	大、中城市及地形地貌复杂的建制市、建制镇、乡和村
	2. 用地评定单元划分图	地貌类型、工程地质分区、强震区场地及断裂的分布、不良地质现象分布、矿藏分布界线等		
	3. 用地地形分析图	地形形态，地面坡度、坡向、高程		山地建制市、建制镇、乡和村

续表

类别	图件名称	主题内容	图纸比例	适宜对象
综合图	4. 土地利用现状图	城乡土地利用状况；地下、地面工程设施强度；各类保护区、风景区、军事设施区、净空限制区的位置与范围		建制市、建制镇、乡和村
	城乡用地评定图	(1)用地评定单元划分范围		
		(2)水系及洪水淹没线		
		(3)构造地质要素		
		(4)不良地质现象分布		
		(5)矿藏分布		
		(6)工程设施分布、各类保护区、风景区、军事设施区、净空限制区的位置与范围		
		(7)评定单元综合评定分值与评定等级类别判定		

7) 实验内容：以兴国县三僚村为例

(1) 村落概况

三僚村位于江西省赣州市兴国县梅窖镇境内，位于东经115°41′15″至115°45′00″和北纬26°20′00″至26°22′30″，是兴国、宁都、于都三县交界处，距赣州市146 km，距兴国县城67 km，距宁都县城47 km，距于都县城55 km。村落南北宽约2 km，东西长约6 km，是一个北、南、西三面环山，由西向东倾斜的小盆地。三僚村经宁都县与昌厦公路相通，经樟青公路(省道兴国樟木乡通往宁都县青塘镇)与319国道相连，在319国道519公里处的桥背村(于都县银坑镇)有一条10 km的四级公路与三僚村相连。三僚村距赣州机场、井冈山机场距离大约为150 km，距京九铁路(兴国火车站)约70 km。泉(州)南(宁)高速公路将从三僚村侧翼通过。

三僚村位于兴国县东部的溶岩、石英石岩两种地质结构的交接处。村北的后龙山属石英石岩，土质贫薄，干旱缺水，林木稀疏，山上土壤为沙质土，山头有一些形态各异的巨石突起。村南的几座大山属石灰岩层，虽然也有巨石突兀，但草木丰盈，并有多处泉水涌流，山体土质是黄壤土。

三僚村气候为亚热带季风气候，年平均气温为17.9 ℃，1月均温6.3 ℃，7月均温27.8 ℃，全年无霜期284天，初霜在12月上旬，终霜在2月下旬。年降水量为1 618.4 mm，主要集中在春末夏初。

三僚村域总面积为14.92 km²，据三僚村《社会情况调查表》，目前统计全村下辖18个村民小组，人口约5 600人，主要居住着曾、廖两姓村民(村民中80%为曾姓，20%为廖姓)。耕地2 900亩。属于典型的南方"七山一水一分田，一分道路和庄园"的状况。农作物主要有水稻、烟叶、花生和番薯。

三僚村古称僚溪。唐朝末年由杨救贫与弟子曾文辿、廖瑀共同于此开基至今,已有一千余年的历史,为中国赣派风水发源地。

(2)规划建设背景

依托三僚村丰富的风水文化资源和客家文化资源,将三僚村打造成风水文化和客家文化旅游基地,试对其可开发建设用地进行评价。

实验三　城市产业定位研究

1)实验目的

通过本实验,学生可以巩固所学的理论知识,增加知识面,提高理论联系实际的能力,掌握城市产业定位的方法,了解产业定位与城市规划的关系,切实提高分析问题和解决问题的能力。

2)城市产业定位的方法

目前,城市主导产业定位的方法比较多,如区域比较优势法、产业关联法、筱原两基准法、主要成分分析法、层次分析法等。以下主要介绍比较优势法和指标系数法等两种方法。

(1)比较优势法

城市是产业的高度密集区,产业的产生和发展是城市能持续成长的核心动力。城市产业定位就是基于城市各生产要素,结合产业发展现状和未来的可能,合理地确定主导产业。这是城市规划中必须解答的重大问题。

城市产业定位是以城市经济学、区域经济学等学科理论为基础,对城市产业的结构、优势、效益以及未来的成长性等问题进行深入的分析。从历史角度来看,城市产业定位的依据主要有国际贸易中的比较优势理论、赫希曼的产业关联准则以及筱原三代的"收入弹性基准"和"生产率上升"基准等定量分析方法。但影响产业发展的因素非常复杂,定量分析并不能全面反映产业发展的状况,因此往往要结合定性分析,如对产业发展的需求环境、政策环境、配套条件等因素进行比较,从而最终确定城市产业的定位。

(2)指标系数法

指标系数法是将一系列城市经济有指标的量化分析作为判断主导产业的依据。《现代城市经济学》(丁健著)中提到,从量化分析来看,有以下三大项 18 个指标可在选择主导产业时作为评价依据。

①共性指标(第一、二、三产业都应具备的指标)

a. 主导产业生产总值占城市全社会总值的 5% 以上;

b. 主导产业对城市生产总值的增长贡献率大于 100%;

c. 主导产业带动相关产业的相关系数大于 0.8;

d. 商品、服务优质指标大于 60%;

e. 国内市场占有率大于 30%;

f. 投资效果系数大于 30%。

②特殊指标(第一、二、三产业按其产业特点应达到的指标)

a. 主导产业与增加就业的相关系数大于 0.8;

b. 主导产业同城市环境保护的相关系数大于 0.6;

c. 出口创汇占该产业的 30% 以上;

d. 经济效益指标;

e. 劳动消耗指标;

f. 部门企业指标;

g. 时间因素指标。

以上 d、e、f、g 指标视具体产业而定。

③专业指标

a. 主导产业扩大社会服务相关系数大于 0.6%;

b. 金融服务对其相关产业的相关系数大于 0.8;

c. 融资总量指标占该产业融资总额的 50% 以上;

d. 资金总量使用回报率大于 40%;

e. 金融服务对 GDP 增长的贡献率大于 100%。

3) 实验内容:兴国县城市主导产业定位研究

（1）基础资料

2012 年,全县生产总值突破百亿元大关,达 100.09 亿元,同比增长 11.3%。其中:第一产业增加值为 24.8 亿元、第二产业增加值为 47.09 亿元、第三产业增加值为 28.2 亿元,同比分别增长 3.9%、13.4%、14.4%。三次产业结构由上年的 25.4:47.9:26.7 调整为 24.8:47:28.2。全县规模以上工业企业实现增加值 26 亿元,同比增长 16%。500 万元以上固定资产投资达 54.83 亿元,同比增长 33%。

2012 年兴国全县共有各类工业企业 500 余家,其中规模以上工业企业 52 家,共有从业人员近 2 万人,涉及建材、食品、医药、电子、电力、服装、机械、化工、有色金属冶炼及矿产品加工等多种行业。2012 年,规模以上工业企业实现工业总产值 111.64 亿元,同比增长 17.9%,实现工业增加值 27.33 亿元,同比增长 13.64%;实现主营业务收入 111.26 亿元,同比增长 14.19%;实现利税 12.13 亿元,同比增长 24.53%。

工业初步形成了氟化工、新型建材、机电制造、食品加工四大主导产业。氟化工产业以三美化工为龙头,先后引进中萤矿业、金莹氟业等氟化工配套企业 6 家。新型建材产业形成了以中国建材兴国南方水泥为龙头的产业集群。机电制造产业主要以国兴拨叉为龙头。食品加工产业形成了以百丈泉食品为龙头的一批具有区域市场影响力的企业。主导产业规模效益较明显,2012 年四大主导产业共实现主营业务收入 68.51 亿元,占规模以上工业企业的 61.57%,利税达 7.84 亿元,占比为 64.63%。

兴国县与赣州市各工业行业产值见表 7.9。

表 7.9　兴国县与赣州市各工业行业产值

工业行业	规模以上工业总产值/万元	
	赣州市	兴国县
总计	10 095 073.3	663 856
金属制品业	291 462.8	119 175

续表

工业行业	规模以上工业总产值/万元	
	赣州市	兴国县
非金属矿采选业	319 372.7	72 768
非金属矿物制品业	823 908.9	67 435
纺织服装、鞋、帽制造业	509 592.9	58 348
文教体育用品制造业	233 294.9	48 079
电力、热力的生产和供应业	604 366.5	36 391
化学原料及化学制品制造业	686 973.3	35 619
农副产品加工业	918 916.5	33 471
皮革、毛皮、羽毛(绒)及其制品业	555 586.7	23 424
医药制造业	264 576.6	22 316
交通运输设备制造业	299 444.9	22 290
通信设备、计算机及其他电子设备	912 473.2	18 644
橡胶制品业	31 887.8	17 780
塑料制品业	169 283.6	16 458
仪器仪表及文化、办公用品制造业	71 359.3	16 276
饮料制造业	170 115.3	14 521
电器机械及器材制造业	764 431.6	12 259
造纸及纸制品业	228 145.9	9 122
纺织业	391 339.6	9 114
水的生产和供应业	25 414.8	5 904
有色金属矿采选业	1 823 125.9	4 462

上述资料为进行城市主导产业选择的基础资料或部分资料,实验中还可以通过其他渠道进一步收集和丰富相关资料。

2)任务要求

以比较优势法研究确定兴国县城市主导产业。实验过程中,应充分做到定性与定量相结合、理论与实践相结合,其他方法可以作为补充或佐证。

3)成果要求

①提交1份实验报告,字数不少于2 000,打印稿。

②报告内容应包括:兴国县产业发展现状及存在的问题,现代城市产业发展的趋势,兴国县城市产业发展面临的形势与挑战,兴国县城市主导产业选择,兴国县城市主导产业发展

的对策与措施。

4）实验要求与安排

①学生每 2 人为一组。

②资料收集。除提供的资料外，学生要到有关部门和网络上广泛收集有关的资料信息并及时记录、整理，形成资料汇编，为实习报告积累材料。

③成果以实验报告的形式提交给指导老师，以 A4 纸张的形式打印并装订成册，字数要求在 3 000 ~ 50 000。

第8章 场地设计

8.1 课程实验概述

8.1.1 本课程实验的基础知识

本课程实验要求掌握的基础知识主要有《建筑设计》《城乡规划原理》等。

8.1.2 实践教学的目的

场地设计是为满足建设项目的要求,在基地现状条件和相关法规、规范的基础上,组织场地中各构成要素之间关系的活动。本课程实验的目的在于通过对场地的设计,了解城市规划特点和思维方式,理解国家相关法规和规范的要求,掌握场地设计的基本原则和方法,以及场地设计当中的竖向规划等技术问题,培养学生综合分析问题、解决问题的能力,具备规划师、建筑师应掌握的场地设计基础知识和从事一般场地设计的基本技能。

8.1.3 实践教学的基本要求

①理解场地的地形地貌、气象、地质、交通状况及邻里空间的特征,遵循国家有关法律、法规、技术规范及城市规划的要求,综合运用场地设计的基础知识,根据建设项目的组成内容、功能要求和建设场地的自然条件及建设条件,合理确定各建筑物、构筑物及其他设施的平面和空间关系。

②学生根据给出的项目内容、功能要求和场地条件,做出场地设计方案(包括总平面图、剖面图等),处理好功能分区、建筑布局、场地平整、场地排水、道路布置、管线综合、停车场等问题,并计算场地平整工程量,具备从事一般场地设计的基本技能。

8.1.4 本课程实验教学项目与要求(见表8.1)

表8.1 场地设计课程实验教学项目和要求

序号	实验项目名称	学时	实验类别	实验要求	实验类型	每组人数	主要设备名称	目的和要求
1	场地分析	4	专业基础	必修	认识	1	计算机	了解场地调研的重要性、基本内容和要点,增加学生对场地的感性认识,培养综合分析问题、解决问题的能力和严谨的工作作风

续表

序号	实验项目名称	学时	实验类别	实验要求	实验类型	每组人数	主要设备名称	目的和要求
2	居住区场地规划	8	专业基础	必修	综合	1	计算机	了解场地空间组织的一般规律,掌握一些常用的场地空间组织技巧

8.1.5 考核与成绩评定

本实验的考核方式为考查,即以调研报告和场地设计作为考核内容。成绩评定由平时成绩、调研报告与场地设计成绩组成。其中平时成绩占 30%,报告成绩占 30%,设计成绩占 40%。最终的实验成绩以 20% 的比例归入课程成绩。

8.2 基本实验指导

实验一 场地调研

1)实验目的

场地调研是场地设计过程的首要环节,场地调研的目的是使学生了解场地调研的重要性、基本内容和要点,增加学生对场地的感性认识,培养综合分析问题、解决问题的能力和严谨的工作作风。

2)场地选择及调研要求

(1)场地选择

场地选择中,一是选择城市中已经建成且投入使用的公共场地空间,二是场地离学校较近(3~5 km),可达性较好。因此,根据当地情况,选择的调研地点为赣州火车站、赣州黄金广场和江西理工大学西校区。

(2)基本要求

要求学生亲临现场进行调研,利用所掌握的场地设计知识,充分发挥自己的辨别能力和创造能力,对所调研的场地选址、规划、环境等以调查报告的形式作出评价。

3)现场调查的内容

①场地周边的用地及交通状况;

②场地内的功能布局、用地规划、设施配置及环境等状况;

③场地内的交通组织、人的活动及空间的使用情况。

4)调研方法

调研方法是亲临现场,以观察、走访、拍照、询问、问卷以及上网等方式,对现场及周边环境情况进行全方位的了解和记录。

5)调研报告的内容

①调研目的;

②调研内容；

③场地概况；

④场地空间分析；

⑤场地人类与活动分析；

⑥总结与建议。

实验二　某居住区场地分析与设计

1）实验目的

了解场地空间组织的一般规律，掌握一些常用的场地空间组织技巧。

2）场地基础资料

场地位于赣州市西城区，交通方便，共有 2 个地块，总面积 14.22 公顷（14.22 万 m²）（见图 8.1）。规划为居住用地。主要技术经济指标见表 8.2。

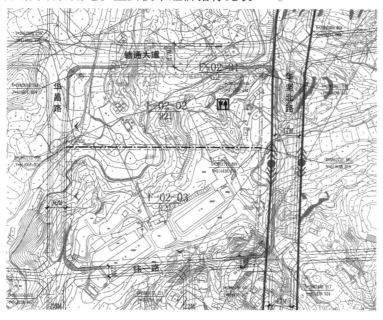

图 8.1　场地地形

表 8.2　主要技术经济指标

指标	地块 1	地块 2
总用地面积/公顷	5.59	8.63
容积率	≤2.0	≤2.5
绿地率/%	≥35	≥35
建筑密度/%	≥28	≥30
建筑高度/m	60	60
居住人口/人	2 854	5 507

需要注意的是：

①以中高层为主，商业建筑面积不应大于总建筑面积的 5%，底层商业建筑不超过 2 层；

②根据规范要求合理考虑交通、竖向设计、综合配套设施（垃圾收集点、停车场、物业管理等）；

③户型要求：根据提供的外轮廓设计户型并选择；

④采用人车分流的交通方式，利用场地高差布置停车，车位数住宅按 1.0 个/户、商业按 1 个/100 m^2 考虑，并适当考虑室外停车；

⑤建筑红线退让现有道路 5 m；

⑥其他要求参照《江西省城市规划管理技术导则（2014 版）》执行。

3）任务要求

场地设计由每位学生单独完成，在 2 地块中可任选其中 1 块。其中，图纸要求采用 A1 图幅，具体内容包括自然条件分析、建设条件分析、区位分析（谷歌地图）；现状图（原地图）、总平面图、功能结构分析图、交通流线分析图、竖向设计、平面定位图、建筑体量分析、停车场布置等。

4）时间安排

第一阶段：任务布置、资料收集、现场考察及项目调研阶段，共计 2 学时；

第二阶段：方案阶段，共计 2 学时；

第三阶段：图纸完成阶段，共计 4 学时。

第9章 修建性详细规划

9.1 课程实验概述

9.1.1 本课程实验的作用与任务

居住区规划与设计实验课是本门课程学习期间有组织的重要实践环节,是学生熟悉修建性详细规划设计过程、丰富实践经验、掌握专业技能的重要手段。通过实习,使学生熟悉居住区规划设计与管理方面有关的法规政策、管理体制和工作程序,了解居住区规划建设的状况,增加感性认识,提高动手能力和从事实际工作的能力,为以后的工作打下良好基础。

通过实验,使学生熟悉修建性详细规划设计与管理的运作过程,了解规划设计的操作流程和工作制度。掌握居住区规划与设计的基本技能和规范,为将来从事规划设计及管理工作打下基础。

9.1.2 本课程实验的基础知识

本课程实验要求掌握的基础知识主要有《城乡规划原理》《建筑设计原理与设计》和《建筑表现》方面的知识。要求学生具备城乡规划原理基础知识,住宅设计基础知识和图面表达能力。

9.1.3 本课程实验教学项目与要求(见表9.1)

表9.1 修建性详细规划实验教学项目与要求

序号	实验项目名称	学时	实验类别	实验要求	实验类型	每组人数	主要设备名称	目的和要求
1	基础调研和专项研究	12	专业	必修	综合	2	图板、皮尺、绘图纸若干、丁字尺、三角板、铅笔、针管笔、彩铅或马克笔或水彩及现有的图面材料等	了解居住区修建性详细规划的编制过程和内容,熟悉居住区规划设计的基本手法,巩固和加深对居住区规划设计原理以及对城市居住规划设计规范的学习
2	居住小区规划设计	44	专业	必修	综合	1	图板、绘图纸若干、丁字尺、三角板、铅笔、针管笔、水彩颜料、彩铅或马克笔或水彩及现有的图面材料等	了解居住区空间形态组织的原则和基本方法,综合提高对建筑群体及外部空间环境的功能、造型、技术经济评价等方面的分析、设计构思及设计意图表达能力和专业素质

9.2 基本实验指导

实验一 基础调研和专项研究

1）实验目的

通过居住小区的规划设计实例调研，了解居住区修建性详细规划的编制过程和内容，熟悉居住区规划设计的基本手法，巩固和加深对居住区规划设计原理以及对城市居住区规划设计规范的学习。做到理论联系实际，培养学生调查研究与分析问题的综合能力。使学生重视掌握第一手资料，并且具有发现问题、分析问题和解决问题的能力，并为下一阶段的居住区规划设计打下基础。

2）实验要求

实地调研、测绘。要求分组完成，每组2人。

3）主要仪器及耗材

皮尺、图板、绘图纸若干、丁字尺、三角板、铅笔、针管笔、彩铅或马克笔或水彩颜料、计算机等。

4）实验内容

选择赣州市某建成小康型居住小区进行调查，通过绘图、照片及文字对小区规划设计进行分析说明，完成调研报告。

①从城市总体布局着眼，分析本小区同周围环境之间的联系，对规划小区地段的外部环境有合理认识，认真收集和分析相关背景资料，分析规划小区与周边环境的关系，并绘出区位分析图。

②调查小区居民的户外活动的行为规律及小区人口规模，了解居住小区规划设计中对各项功能及组团外部空间的组织。分析小区规划结构、用地分配、服务设施配套及交通组织方式，绘制居住小区规划结构图。

③对居住小区及小区道路交通系统规划进行调查。小区道路系统规划结构、道路断面形式、小汽车停车场和自行车停车场规模、布置形式。分析小区道路系统规划是否有利于居住小区内各类用地的划分、有机联系以及建筑物布置的多样化。评价小区道路系统的安全性、经济性和便捷度。

④调查居住小区的住宅类型及住宅组群布局。小区住宅设计是否具有合理的功能、良好的朝向、适宜的自然采光和通风，如何考虑住宅节能；住宅组群布局如何综合考虑用地条件、间距、绿地、层数与密度、空间环境的创造等因素，营造富有特色的居住空间。

⑤调查居住小区公共建筑的内容、规模和规划布置方式。公共建筑的配套是否结合当地居民生活水平和文化生活特征，并方便经营、使用和社区服务；公共活动空间的环境设计有什么特色。

⑥调查居住小区绿地系统、景观系统规划设计。调查小区内各个不同层次的户外空间尺度，调查公共绿地及其他休闲活动地的布置，包括居住小区的中心绿地和住宅组群中的绿化用地，以及相应的环境设计。

⑦调查小区的无障碍设施设计情况。

⑧实地测绘。选择小区内设计较好的院落绿地、组团绿地及小游园的户外活动场地各一处进行实地测绘,按合适比例绘出其平面图,画局部透视效果图,并附实景照片一张。测绘时先目测,再用工具测量;并对场地进行分析,包括用地(建筑)功能分析、交通分析、空间形态分析、D/H 值、地形分析、人流分析、视线分析等,观察人在其中的行为模式,通过观察体验,总结优缺点。

5)实验方法与步骤

(1)社会调查研究的基本程序

①确定调查研究的目的,可分为应用性、理论性和综合性 3 种,依据研究目标的不同,调查研究可分为 5 种不同类型:描述性、解释性、预测性、评价性和对策性研究。

②研究前的准备,包括理论和实际两方面,理论准备主要为查阅文献资料,实际准备为对实际情况的了解。

③设计研究方案,包括提出研究假设、理论解释、拟订调查提纲、设计调查表(问卷)、决定研究的方式方法、制订研究的组织计划、试验研究。

④资料的收集与分析,包括资料的收集、资料的整理、资料的分析和检验假设等阶段。

⑤撰写研究报告。

(2)调查报告的结构形式

调查报告一般采取三段式结构,包括绪论、本论和结论 3 部分。在正文后还包括附录部分,它主要提供重要的研究资料、统计数据和参考文献目录等。

①绪论部分。该部分主要为点题和研究方法的介绍,包括研究主题和目的、研究的理论和实践意义,研究对象的性质和选择方法、选择理由,介绍主要问题和资料的有效性、准确性、完整性。

②本论部分。该部分是对成果的全面阐述,主要有两种叙述方法:一是提出论题,列举材料,归纳提出论点;二是提出论题,交代论点,列举材料说明。

③结论部分。该部分一般为归纳分论点、阐明总论点的部分,在应用研究中还应包括提出对策、建议等。

(3)收集资料的方法

收集资料的方法主要有访谈法、问卷法、观测法、文件法等。

6)实验成果要求

①每组完成 PPT 汇报文件一份、调研报告一份及空间尺度调查图(A2 纸)至少一张。

②成果格式应规范化,报告文字总数控制在 4 000 字左右(含分析图表),A4 版面装订,另交电子文件。

③成果应达到以下 3 方面的要求:

a. 资料调查。应注意选择地区或样本的典型性、现状调查的深度、基础数据情况、问卷设计、参考资料的应用等。

b. 分析研究。应对调查的资料进行分析、对比和综合,注意字体、段落格局,图文说明对应,文字精练等。

c. 科学结论。在分析的基础上得出正确、清晰的结论。

7)实验进度及课程计划

①居住区室外活动空间尺度调查,时间为 1 周;

②居住区规划实地调研,时间为 1 周;

③调研结果 PPT 汇报,4 课时。

8）实验注意事项

选择调研样本时应注意需选择具有一定规模的小区,一般要求用地在 5 公顷以上,且尽量选择已建成入住率高的小区。室外活动空间尺度测绘和居住区调研可分为不同的小区。

9）实验评分标准

实验成绩评定:PPT 汇报占 30%,测绘成果占 40%,调研报告占 30%。

（1）PPT 汇报评分标准

①85～100 分。PPT 背景与内容协调搭配,整体设计美观大方,内容紧扣主题。汇报者语言流畅,表达用词恰当,衣着整洁,举止自然得体。临场应变能力强,上下场致意,答谢。

②70～84 分。PPT 背景与内容搭配较好,整体设计较美观,内容紧扣主题。汇报者语言较流畅,表达用词较恰当,举止大方。

③60～69 分。PPT 内容紧扣主题,但设计不够简洁美观。汇报者语言较流畅,但声音太小,时间把握不当。

④60 分以下。PPT 背景与内容搭配不够协调,整体设计不够简洁,重点不够突出。汇报者语言不够流畅。

（2）调研报告评分标准

①85～100 分。报告结构严谨,写作思路清晰,逻辑性强;语言简洁流畅,叙述清楚明了;格式规范,图文并茂,并对调研进行恰当的总结。

②70～84 分。报告结构比较规范,内容充实,语言流畅。格式较规范,图文并茂,有结论,字数符合要求。

③60～69 分。写作思路较清晰,结构基本规范,内容基本充实,语言基本达意,文理较通顺。格式不够规范,图文排版较混乱。

④60 分以下。结构不规范,内容贫乏,语言不流畅,词不达意,或有严重抄袭现象。

实验二　居住小区规划设计

1）实验目的

通过本实验让学生了解居住区空间形态组织的原则和基本方法,综合提高对建筑群体及外部空间环境的功能、造型、技术经济评价等方面的分析、设计构思及设计意图表达能力和专业素质;巩固和加深居住区规划理论知识的学习;掌握居住区规划的步骤、相关规范与技术要求;培养调查分析和综合思考问题的能力。

2）实验要求

①掌握城市修建性详细规划设计的基本方法和步骤,学会规划设计方案的正确表达方法;

②学习、理解并运用《城市居住区规划设计规范》和"无障碍设计"的有关规范;

③掌握城市规划中有关定额、指标的选用和计算方法;

④学习设计前期工作的主要内容和基础资料调研的工作方法;

⑤了解当前居住建筑发展动态及有关生态环境、可持续发展问题研究的全球性趋势。

⑥一人一组。

3）主要仪器及耗材

图板、绘图纸若干、丁字尺、三角板、铅笔、针管笔、彩铅、马克笔、水彩颜料、计算机等。

4）实验内容

南方城市某小区详细规划（气候参照赣州市）夏季主导风向为东南风，冬季为西北风。小区用地现状图如图9.1所示（A、B任选一地块进行规划设计）。

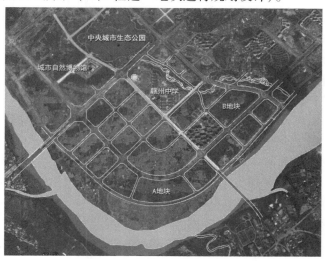

图9.1　地形图

（1）技术经济指标

人口毛密度500人/公顷，户均人口3.5人/户，容积率≤2.0，绿地率≥35%，建筑密度≤30%。

（2）户型要求

住宅以多层为主，不可布置独立式小住宅，户型建筑面积应符合"国家90/70政策"规定，其中：75 m² 以下小户型10%～15%；75～90 m² 中户型45%～60%；90 m²～140 m² 以上大户型不大于40%。大小套不能布置到一个单元，且高层建筑的层数不能超过30层。

（3）道路设计要求

①合理设置出入口，道路通而不贯，顺而不穿，能够通行小型汽车。

②设置汽车停车场（库）按户数100%设置（其中地面停车位不少于总停车位的10%），可设置地下车库以及回车场；地下停车部分总平面上标示出地下车库轮廓及出入口位置。

③自行车按1～2辆/户设置，并设置停车场地。

④道路宽度按规范要求确定。

（4）公建配套要求

①24个班小学一所，用地不少于10 000 m²；

②一所6个班幼儿园，用地3 600 m²；

③综合市场一处，建筑面积2 000 m²；

④垃圾收集站一处；

⑤会所，建筑面积5 000 m²，含商业、文化、体育等服务设施。

（5）建筑设计要求

①住宅层高：2.8 m。

②住宅和公共服务设施可选型也可设计。住宅应功能合理、朝向良好,有良好的自然采光和通风条件。住宅组群应合理,并富有特色。

③建筑形式应与周围建筑协调一致、简洁大方。对于重要城市道路或滨水带一侧的建筑群立面设计,要达到能丰富美化该地区城市景观的要求。

④建筑间距应满足消防及日照符合所在城市规划管理技术规范要求。

(6)其他

①鼓励在基地现状全面分析的基础上,结合本地的自然环境条件、居住对象、历史文脉、城市景观及有关技术规范等方面因素进行规划构思。提出体现现代住区理念和技术手段的、优美舒适的、有创造性的设计方案。

②其他技术要求按规划原理、规范和江西省相关规定执行。

5)实验方法与步骤

(1)基地分析与规划要求

①熟悉规划任务,明确设计重点、要点。

②学习基地分析的方法与内容,了解规划地段的环境特点,基础设施配备情况;分析小区用地与周围地区的关系,交通联系及基地现状的处理。

③参观调研已建成居住区,搜集、查阅参考文献。通过集体讨论分析,训练书面、口头表达与评述能力以及提高资料利用的能力。

(2)规划结构与交通组织

①掌握居住区中各功能空间的布局手法;提出居住区规划结构分析图,并进行道路交通组织分析。

②了解国内外居住区交通组织的原则与方法,掌握居住区交通组织的规划手法;分析并提出居住区内部居民的交通出行方式;进行道路系统布置及道路断面的设计,包括横断面设计、停车场的布置等。

(3)住宅选型与公共建筑项目选择与设计

①根据居住区建设用地规模及有关定额标准确定居住区(小区)的人口规模、各项用地规模、建筑面积和各项指标。

②根据规划要求和当地条件,设计或查找适宜的住宅单元类型;探索适用、合理、创新的住宅设计途径。(根据基地实际情况确定适宜的住宅类型)

住宅设计要求有合理的功能、良好的朝向、适宜的自然采光和通风等。可在小户型住宅、生态住宅及节能技术、适应性及可变性、标准化及多样化等方面进行探索。

③选择公共建筑项目并概算其用地面积与建筑面积。确定居住区公共建筑的内容、规模和布置方式等,表达其平面组合体形和空间场地的设计意图。应结合当地居民生活水平和文化生活特征,并结合原有公共建筑考虑今后的发展。

(4)居住区总体布局

①掌握居住区内景观创造的各种手法,通过综合分析构思居住区总体布局结构与空间组织形式。

②分析居民活动特点,掌握小型室外活动场地设计的方法,进行绿化系统规划设计及其他室外活动场地规划布置,包括居住区中心绿地和住宅组群环境设计,如儿童游戏场地、成年人游憩场地等。主要绿化树种应与当地气候特征相适应。

③掌握各种住宅布局手法,用于组织居住区空间。

（5）绘制成果

①学会表达设计理念与想法,编写设计说明。

②熟悉技术经济指标的计算及用地平衡表的编制,进行技术经济评价分析。

③掌握城市规划图纸的绘制及规划方案表达的基本方法。

6）实验成果要求

①图纸规格及要求:A1 尺寸（不少于 3 张）,彩色手绘,注意排版及重要信息传达。

②图纸内容:

a. 规划构思图（比例不限）:全面明确表达规划的基本构思、用地功能关系,规划基地与周边的功能关系、交通关系和空间关系等。

b. 总平面图（1:1 000）。标明风向玫瑰、图纸比例,所有建筑和构筑物屋顶平面图,建筑层数,建筑使用性质,主要道路的中心线,停车位,室外广场、铺地的基本形式等。

c. 规划分析图（比例不限）:包括规划结构、道路、公共建筑、绿地景观、日照通风等。

d. 小区中心平面图（1:500）。

e. 主要街景立面图（1:1 000）。

f. 小区鸟瞰图或整体透视图。

g. 住宅和主要公建选型或设计图（1:100～1:300）:注明房间功能、轴线尺寸和面积标准。

h. 设计说明及经济技术指标表:前者要求简要表达设计理念;后者包括容积率、建筑密度、居住人口、平均层数、停车泊位数、绿地率及人均绿地面积等。

7）实验进度及课程计划

①任务书分析、调研、资料收集。基地现状分析,完成现状分析图。

②小区结构及路网设计。交流规划设计构思,完成规划结构图。

③住宅群体空间设计及住宅选型。

④快速设计及方案评价。

⑤绿地设计及公共活动场地设计。

⑥绘制正式成果图。

8）实验评分标准

（1）评分要点

①合理布局小区结构,包括道路网络、绿化网络、公建配置、住宅群体组合,结合小区现状综合考虑均衡布置。

②环境设计细致而系统,重点设计小区中心绿地;公建设计与环境结合考虑。

③住宅选型功能合理、立面新颖,各项技术指标符合设计要求。

④图面表达清晰,层次分明。

（2）评分标准

①各阶段图纸评分分值占总成绩的百分比见表9.2。

表9.2　各阶段图纸评分分值比例

阶段	占总成绩百分比/%
第一次草图	10
第二次草图	10
正式图	70
（学习态度、出勤情况等）	10
合　计	100

②正图评分标准见表9.3。

表9.3　正图评分标准

内容	比例	评分标准		
总平面	50%	欠完整,有待补充完整	尚可	表达完整,功能合理,有特色
		≤35%	40%	45%
鸟瞰图	20%	不够完整,未表达主要内容	一般	清晰完整,空间变化有序,主体突出
		≤8%	13%	≥17%
分析图	10%	欠妥当,表达不够,图式混乱	尚可	明确,清晰,合理,有序
		≤6%	8%	≥9%
建筑设计图	10%	欠妥当,有待修改	尚可	功能使用合理,有特色
		≤6%	8%	≥9%
技术指标	10%	欠妥当,需补充修改	尚可	完整,合理
		≤6%	8%	≥9%

第10章 城乡道路与交通

10.1 课程实验概述

10.1.1 本课程实验的基础知识

本课程实验要求掌握的基础知识主要有《建筑设计》《城乡规划原理》等方面的知识。

10.1.2 实践教学的目的

本课程实验的目的是通过理论联系实际,使学生更好地理解和掌握课堂上学习的内容,掌握城市道路与交通规划设计基本方法和技能;培养学生场地调研及处理实践问题的能力,培养吃苦耐劳、团结协作的精神;了解《城市道路交通规划设计规范》《城市道路设计规范》等国家相关规范及技术要求。

10.1.3 本课程实验教学项目与要求(见表10.1)

表 10.1 城乡道路与交通实验教学项目与要求

序号	实验项目名称	学时	实验类别	实验要求	实验类型	每组人数/人	主要设备名称	目的和要求
1	城市道路交通调查与分析	4	专业基础	必修	验证	3~4	计算机	了解场地调研的重要性、基本内容和要点,增加学生对场地的感性认识,培养综合分析问题、解决问题的能力和严谨的工作作风
2	OD调查	4	专业基础	必修	验证	3~4	计算机	掌握OD调查的基本方法和技巧。通过调查获得人、车、货物出行的OD分布(OD表、期望线、交通产生与吸引统计图)、出行特征(如时间、距离、目的、方式等),掌握调查数据的处理和分析方法
3	城市道路设计	8	专业基础	必修	综合	1	计算机	掌握城市道路平面、竖向和横断面设计的内容和方法,能了解并使用国家规范与技术标准,从而具有一定解决实际问题的能力

续表

序号	实验项目名称	学时	实验类别	实验要求	实验类型	每组人数/人	主要设备名称	目的和要求
4	城市交叉口的形式及其交通组织	4	专业基础	必修	综合	1	计算机	掌握城市道路平面交叉的类型;学会简单的道路平面交叉口设计;并且在设计中自觉考虑到城市立体交叉的适用条件及选择城市道路立体交叉的合适形式
5	城市道路系统综合规划设计	12	专业基础	必修	综合	1	计算机	能理论与实际相结合,使所设计的道路系统能尽可能高效地发挥城市道路的功能

10.2 基本实验指导

实验一 城市道路交通调查与分析

城市道路交通调查主要是为城市道路交通规划、设计、管理与控制或城市交通研究提供现状的基础性资料和数据,对开展城市道路交通规划与设计等各项工作起着至关重要的作用。城市道路交通调查可分为道路交通量调查、居民出行 OD 调查等。

1)实验目的

掌握道路交通量调查的基本方法和基本技巧,通过实施调查学会车型的分类与辨识,掌握交通量数据的分析与处理方法,并初步了解有关交通流或交通量变化的时间分布与空间分布规律和交通组织等内容。

2)实验内容

道路交通量调查内容包括路段交通调查和交叉口交通调查等,即选择某城市中有一定代表性的路段和交叉路口进行交通量调查。每类调查都包括有设计交通量调查记录表;分方向、分车道、分车型调查道路交通量;分析整理调查数据,获得基本的交通量分布特性。

3)实验要求

(1)调查的地点和时间

对于路段交通的调查应选择在视距良好,地势平坦且距离交叉口 300 m 以上的断面。对于交叉口交通调查,应选择不同形式的交叉口,有两条或两条以上入口车道,交通流量大,右转、直行、左转有明确分工的交叉口进口引道,具体观测地点选择在交叉口停车线处。

在调查时间的选择上,可选择高峰时期和非高峰时期两个时段。其中高峰时段可分早高峰和晚高峰,早高峰一般在 7:00—9:00,晚高峰一般在 17:00—19:00,且不同的城市是不完全相同的。

（2）人员分工

根据车道或交叉口分布的具体情况进行分组,原则上每条车道都应有 1 人观测;在人员紧张、交通量不大的情况下,每人可以观测多条车道,但每人观测的车道数不应大于 3 条。

（3）调查表格设计

表格应主要考虑调查车型和调查时段两个因素,并需要对调查环境进行记录,设计样表参考格式见表 10.2 和表 10.3。

表 10.2　路段机动车交通量观测统计表

日期:　　年　　月　　日(星期　　)　　　　天气:　　　　地点:

方向:　　　时间:　　　观测者:　　　　记录者:　　　　校核者:

	小客车	普通货车	大型客车	大型货车	小计
6:00—6:15					
6:15—6:30					
6:30—6:45					
6:45—7:00					
⋮					

表 10.3　交叉口机动车交通量观测统计表

日期:　　年　　月　　日(星期　　)　　　　天气:　　　　地点:

方向:　　　时间:　　　观测者:　　　　记录者:　　　　校核者:

	右转		直行		左转		三向合计
	客车	货车	客车	货车	客车	货车	
	小大		小大		小大		
6:00—6:15							
6:15—6:30							
6:30—6:45							
6:45—7:00							
⋮							

注:1. 一个路口一张表;

2. 本表车流量为驶入量。

（4）调查方法及注意事项

交通量调查常见的方法有人工计数法、机械计数法、视频检测法等,本次调查采用人工计数法。人工计数法就是调查员在道路路段（或交叉口引道）一侧进行现场观测，并在调查表中对观测到的车辆情况进行记录。记录时，可采用画"正"的方法，也可采用简单计数器的方法进行记录。

在城市道路或交叉口进行交通量调查时，各调查人员应保持同步，调查应在路边进行，要注意安全，不要随意走动；同时注意保管好调查数据。

4）交通量调查资料的整理

（1）交通量汇总

对于调查所获得的交通量资料，经过整理，都应列成总表以供各种分析研究之用。为保证资料使用的可靠性、完整性和科学性，汇总表应包括时间（年、月、日、星期、上下午及小时等）、地点（路线、街道、交叉口等的名称、方向或车道）、天气、调查人员姓名等内容，必要时可绘制平面示意图或另附说明，见表 10.4。

表 10.4　路段机动车交通量观测统计表

时期：2014 年＿月＿日（星期＿＿＿）　　天气：晴　　地点：红旗大道中段

方向：自东向西车流　　时间：6:00—12:00　观测者：李×　记录者：杨×　校核者：孙×

时段	小客车	普通货车	大型客车	大型货车	小计
6:00—6:15	19/19	2/2	0/0	1/1	22
6:15—6:30	44/25	9/7	2/2	4/3	37
6:30—6:45	62/18	12/3	6/4	12/8	33
6:45—7:00					
⋮					

由于现状实际行驶的车辆是不尽相同的，大致可分为大型车（拖挂车）、中型车（普通汽车）和小型车（小汽车）3 类。若以小汽车为标准车，则须将大、中型车换算为当量小汽车，车辆换算系数见表 10.5。

表 10.5　当量小汽车换算系数

车种	换算系数	车种	换算系数
自行车	0.2	旅行车	1.2
两轮摩托	0.4	大客车或小于 9 t 的货车	2.0
三轮摩托	0.6	9～15 t 的货车	3.0
小客车或小于 3 t 的货车	1	铰接式客车或大平板拖挂货车	4.0

（2）交通量分析

在交通量整理汇总后,应进行交通量分析,以了解所调查路段和交叉路口交通量在时间和空间上的变化,从中发现或提出问题,供交通整治或规划所用。

①柱状图。柱状图(直方图)常用来表示观测期间交通量的变化,从中可看出交通量的变化趋势、高峰小时的出现、是否双峰型或其他类型、白天与夜间交通量的差异等。典型的形式如图 10.1 所示。一般横坐标为绝对单位时间,纵坐标为相应单位时间交通量,可以是绝对交通量,也可以是单位时间交通量占计算周期交通量的百分比。

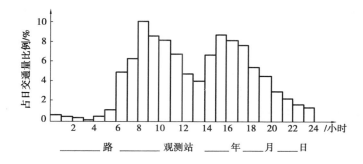

图 10.1　某路段交通量 24 小时变化图

②流量流向图。流量流向图常用来表示交叉口各向车辆的运行状况。如图 10.2 所示为一典型的十字交叉口流量流向图,由图可一目了然地看到交叉口的流量流向分布。通常根据高峰小时的当量交通量绘制。若机动车高峰与非机动车高峰不是同时出现,则应对机动车和非机动车高峰小时交通量分别绘制其流量流向图。

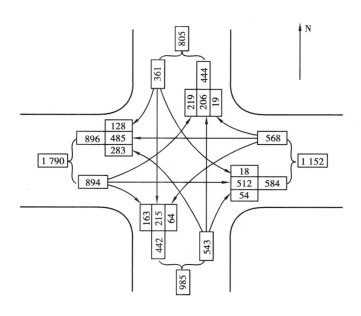

图 10.2　某交叉路口交通量流向流量图

5）成果要求

交通量调查实验的成果要求是提交一份交通量调查报告。调查报告中应包括调查目的、时间、调查人员、调查内容、调查过程、交通量分析、存在的问题及对策建议、原始调查记录表等内容。

交通量分析中，对于路段调查应包括道路路段简介、区位分析、道路路段平面图、道路横断面图、道路交通量统计表、道路通行能力的计算、服务水平的评价以及其他相应的文字分析与说明；对于交叉路口应包括交叉口简介、区位分析、交叉口总平面图、交叉口机动车流量流向表、流量流向图、信号灯相位及周期、机动车设计通行能力的计算、道路与交通设施布局分析等内容。

6）实验成绩评定方法

实验成绩采用百分制，具体考核形式如下：

①现场考核：认真完成现场调查任务占60%。

②书面考核：数据处理结果和实验报告的完成质量、撰写水平等占40%。

实验二　交通出行量（OD）调查

1）实验目的

①掌握 OD 调查的基本方法和技巧。

②通过调查获得人、车、货物出行的 OD 分布（OD 表、期望线、交通产生与吸引统计图）、出行特征（如时间、距离、目的、方式等），掌握调查数据的处理和分析方法。

③培养学生从整体思考问题、分析问题和解决问题的能力。

④在实践中锻炼学生的组织能力、协调能力、社交能力以及应变能力等。

2）实验内容与要求

选择你所在的城市某片区，选择 50 个以上的家庭，进行居民出行情况的调查，完成该城市的居民出行特征调查表和居民出行意愿调查表，并进行统计分析，总结该城市某片区现状出行特征，并分析可能存在的交通问题。调查时间以居民休息日为主。

3）调查表格设计

出行调查表是调查目标的真实反映，调查表格设计得好坏，不仅会影响调查的实施，而且会影响数据处理方法的选择以及数据分析的精度。对居民出行调查来说，表格的设计内容必须包括出行者的人与家庭属性、社会经济属性和出行属性三大内容。表格设计应包含以下方面的内容。

①人与家庭属性：地址、年龄、职业。

②社会经济属性：收入情况、居住条件、拥有交通工具的类型与数量。

③出行属性：出行设施、出行目的、交通方式、中转、时间、路线、停车等。

居民 OD 调查表的格式较多，表10.6 为其形式之一，在具体调查中也可以重新设计。

表 10.6　居民出行特征和意愿调查表

编号：

城市居民：

您好！

我是××市××单位专业技术人员，我们正在进行城市道路交通状况调研，特对您凌晨 0 点至 24 点（24 小时）的出行情况进行调查，您的意见对我们来说非常重要，我们将对您的调查情况严格保密，希望得到您的配合。非常感谢！

序号	基本情况	性别	年龄	职业	家庭人均收入	家庭人均住房	家庭住址	工作单位	性别
1	基本情况								
2	出行目的	上班	上学	公务	购物	文娱	探访	看病	回家
3	出行方式	公共交通	自行车	步行	自驾车	摩托车或电动车	出租车	其他	
4	首次出发时间	首次出发地点		出行目的	出行方式	到达时间	停车状况		
		在路附近							
5	再次出发时间	在路附近		出行目的	出行方式	到达时间	停车状况		
		在路附近							
		在路附近							
		在路附近							
		在路附近							

4）确定调查方法

居民出行调查常见的方法有家庭访问法、发放表格法，在区域范围较小的情况下，甚至可以使用路边询问法。

5）成果要求

居民 OD 调查的成果的要求是提交一份调查报告。报告内容应包括调查表格原始记录一份、OD 表一份、期望线图一份、交通产生与吸引统计图一份、与交通出行特征相关的各种图表等。

6）实验成绩评定办法

实验成绩采用百分制，具体考核如下：

①调查表格设计占 30 分。要求内容全面不漏项，设计新颖合理。

②调查过程 30 分。调查方法合理，顺利获得调查数据。数据记录应全面。

③数据处理及结果分析 40 分。能按要求进行基本数据处理，使用计算机编程处理数据

图表全面合理,能分析处理调查数据,并对结果作出合理的分析判断。

交通调查实验报告推荐格式:

×××××实验报告

一、实验项目

明确实验目的、实验内容。

二、实验基本原理(方法)

描述实验的基本原理(方法),实验和数据处理中用到的主要公式等。

三、实验时间、地点、同组人员及分工

描述选择的调查时间、调查地点,同组人员及分工安排情况。

四、数据处理过程及提交成果

1.说明数据处理的过程与处理方法。

2.按照指导书的要求提交相应的成果。

3.分析数据处理结果,得出结论。

4.结合实际调查和数据处理情况,提出改进措施和改善建议。

五、其他需要说明的问题

实验三 城市道路设计

1)实验目的

通过实践教学环节,能理论与实践相结合,掌握城市道路平面、竖向和横断面设计的内容和方法,能了解并使用国家规范与技术标准,从而具有一定的解决实际问题的能力。

2)实验内容与基本要求

(1)实验内容

①城市道路平曲线的设计与平曲线的选择;

②城市道路竖向设计与竖曲线的选择;

③城市道路横断面设计,包括行车道、人行道、分隔带、绿化带、设施带等几何尺寸的确定及相互协调的关系。

(2)基本要求

①学生应熟悉课程设计任务指导书,并根据任务书的要求,了解和收集必要的原始资料。

②学生应根据课程设计任务书的要求,合理确定设计方案。

③通过对某一区域进行交通规划,使学生对本门课程的理解系统化、深刻化。

④学生应在教师指导下独立、按时完成课程设计的全部内容。

3)某城市道路设计

(1)基础资料

①设计车速为 30 km/h;

②道路红线宽 18 m;

③设计年限为 15 年;

④起始年的 AADT1000,设计年限内交通量增长率为 8%,刚性路面;

⑤道路网规划图纸详如图 10.3 所示。

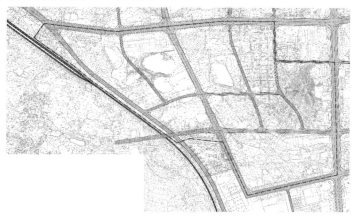

图 10.3　道路网规划图

(2)设计任务

①根据红线宽进行交通组织设计,求出路段通行能力;

②绘出标准横断面(1∶100)、平面图(1∶500)、设计纵断面(纵 1∶100、横 1∶1000);

③拟订交叉口缘石半径值、绘出交叉口交通组织图和竖向设计图。

(3)设计成果

①说明书:项目简介、设计理论分析、交通量计算、相关参数计算等。

②图纸:标准断面图、平面图、竖向图、交叉口组织图、交叉竖向设计图。

4)考核与成绩评定

①学生的成绩由两部分组成:平时成绩和设计成果的考核成绩。

②平时成绩占总评成绩的 30%,根据考勤和中期进度检查两方面情况评分,设计过程中检查学生的基本概念是否清楚,是否按时完成每天的设计任务,并且每天都要考勤;设计成果占总评成绩的 70%,评分标准是书写是否工整,规划是否合理。

实验四　城市交叉口的形式及其交通组织

1)实验目的

教学目标是通过实践教学让学生掌握城市道路平面交叉的类型;学会简单的道路平面交叉口设计;并且在设计中自觉考虑到城市立体交叉的适用条件及选择城市道路立体交叉的合适形式。

2)实验内容与基本要求

①由指导教师在学校所属的城市选择一个平面交叉口,用 AutoCAD 绘制出该平面交叉口现状图,并在现状调查的基础上详细描述此交叉口的现状及存在的问题。

②运用本门课程所学理论,用 AutoCAD 绘制该平面交叉口的改善设计方案,并给出相应的设计说明(改善思路、方法及具体的改善方案等)。

3）赣州市三康庙交叉路口交通组织与设计

（1）基础资料

本实验选取赣州市老城区三康庙交叉路口为实验对象。三康庙交叉路口处于赣州老城区的西南面，为红旗大道的西起点，是红旗大道、文明大道、西郊路、西桥路和国际时代广场步行街等五路交叉，周边建筑与人口密集，是赣州老城区重要的交通节点和难点。如图10.4所示。

图10.4　现状用地图

（2）设计任务

本次实验的设计任务包括确定交叉口形式、红线范围、交通组织方案、进口道布置、行人和自行车过街布局设计、交通岛设计、标志标线、公共交通站点布置有辅助设施等。

（3）成果要求

①现场交通调查分析报告。阐述三康庙交叉路口的区域位置、交通地位与作用、周边土地利用情况、目前的交通状况、存在的问题等。

②设计图纸与说明书。其中图纸包括土地利用现状、道路现状图、交通流量分析图、交通组织现状图、道路规划图、交通组织规划图、标识标线图、公共交通站点布置图等。

4）考核与成绩评定

①学生的成绩由两部分组成：平时成绩和设计成果的考核成绩。

②平时成绩占总评成绩的30%，根据考勤和中期进度检查两方面情况评分，设计过程中检查学生对基本概念的理解是否清楚，是否按时完成每天的设计任务，并且每天都要考勤；设计成果占总评成绩的70%，评分标准是书写是否工整，规划是否合理。

实验五　城市道路系统综合规划设计

1）教学目标

通过让学生对某城市道路系统进行综合规划，训练其对城市道路规划布局、城市道路系统的类型等理论知识的运用，并且在设计中要全面考虑影响城市道路网规划布局的因素，使其设计出的道路系统能尽可能高效地发挥城市道路的功能。

2)实验内容与基本要求

本实验采用真题假做的方式进行。由学生根据所提供的资料进行城市道路综合系统设计。其中,要求学生熟悉课程设计任务指导书,并根据任务书的要求合理确定设计方案。

3)于都县银坑镇综合交通运输体系规划

(1)背景资料

①银坑镇概况。银坑镇位于于都县北部 319 国道和 224 省道(于银线)交汇处,距于都县、兴国县、宁都县城均为 40 余 km,矿产资源丰富,主要有金、银、铁、铅、锌、锰、煤等矿产资源。镇域国土面积 170.88 km²,下辖 25 个行政村和一个居委会,365 个村民小组,总人口 70 028 人,其中农业人口62 501 人,城镇人口 16 000 人,耕地面积 29 076 亩,水面养殖面积 2 980 亩,山地面积 171 366 亩。规划区位、用地现状图、道路交通现状以及建设用地评价如图 10.5 至图 10.8 所示。

图 10.5　规划区位

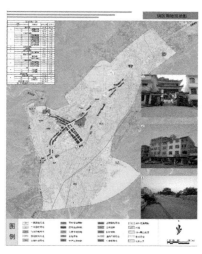

图 10.6　镇区用地现状图

图 10.7　现状道路分析图

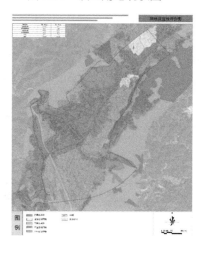

图 10.8　用地适宜性评价图

②现状交通状况。银坑镇现对外交通是 319 国道和 218 省道。其中 319 国道宽 16 m,

并穿过镇区中心;218 省道宽 12 m。镇区内的道路宽度为 4~10 m。

③规划目标。功能定位:现代服饰针织加工、商贸、旅游为主的于都县北部中心城镇;规模:人口 4.4 万人,用地 429.82 公顷;规划建设用地,详见表 10.7。

表 10.7　规划建设用地一览表

类别代号		用地名称	面积/公顷	比例/%
R		居住用地	185.5	43.23
	R1	一类居住用地	48.57	11.30
	R2	二类居住用地	137.23	31.93
C		公共设施用地	89.73	20.88
	C1	行政管理用地	4.82	1.12
	C2	教育设施用地	17.02	3.96
	C3	文体科技用地	3.43	0.80
	C4	医疗保健用地	11.73	2.73
	C5	集贸市场用地	47.9	11.14
	C6	集贸市场用地	4.83	1.12
W		仓储用地	14.41	3.35
T		对外交通用地	15.34	3.57
	T1	公路交通用地	15.34	3.57
S		道路广场用地	63.34	14.74
	S1	道路用地	52.98	12.33
	S2	广场停车场用地	10.36	2.41
U		工程设施用地	5.02	1.17
	U1	公用工程用地	2.71	0.63
	U2	环卫设施用地	1.05	0.24
	U3	安全设施用地	1.26	0.29
G		绿地	56.18	13.07
	G1	公共绿地	32.48	7.56
	G2	防护绿地	23.7	.51
建设总用地			429.82	100.00
注:规划范围内 2030 年总人口为 44 000 人				

（2）规划任务

本实验规划任务包括：

①确定道路系统规划，即确定道路等级系统和道路网；

②道路横断面规划设计；

③静态交通，包括停车场和广场；

④慢性交通规划，即确定非机动车和人行道路系统。

⑤道路交通控制措施。

（3）成果要求

①规划说明书。说明书包括现状分析、规划目标与定位、规划依据、道路系统规划、道路横断面规划、静态交通规划、慢性交通规划、道路交通控制等内容。

②规划图纸。规划图纸包括道路关系分析、道路交通规划图、道路横断面规划图、主要道路交叉口交通组织图、静态交通规划图、慢性交通规划图等。

4）考核与成绩评定

①学生的成绩由两部分组成：平时成绩和设计成果的考核成绩。

②平时成绩占总评成绩的30%，根据考勤和中期进度检查两方面情况评分，设计过程中检查学生的基本概念是否清楚，是否按时完成每天的设计任务，并且每天都要考勤；设计成果占总评成绩的70%，评分标准是书写是否工整，规划是否合理。

第 11 章　城乡地理信息系统与分析

11.1　课程实验概述

11.1.1　本课程实验的作用与任务

地理信息系统是城乡规划专业的一门专业必修课程,是地理空间信息技术的基础应用课程。在课程教学中,要求学生全面了解 GIS 软件的各项命令和菜单,熟练掌握软件的核心内容和使用技巧,要求每个学生在课程中都能完成课堂训练,并在作业中使用教授的软件辅助城市规划设计进行设计完稿,要特别注意与城乡规划专业课的密切结合和实际应用。

11.1.2　本课程实验的基础知识

本课程实验要求掌握的基础知识主要有《计算机文化基础》《建筑工程制图》和《计算机辅助设计 CAD》等方面的知识,也就是要有一定的计算机操作能力、一定的建筑工程制图知识和一定的城市规划或建筑方面的专业知识,这样我们才能用计算机快速准确地设计并绘制出高质量的专业图纸。

11.1.3　本课程实验教学项目与要求

本课程实验教学项目与要求见表 11.1。

表 11.1　城乡地理信息系统课程实验教学项目与要求

序号	实验项目名称	学时	实验类别	实验要求	实验类型	每组人数	主要设备名称	目的和要求
1	GIS 软件平台的绘图基础	18	专业基础	选修	验证	1	安装了 GIS 软件 ArcGIS10.0 的计算机每学生 1 台	掌握 ArcMap 的制图和编辑方法,能够运用 ArcMap 制作完整的图纸
2	GIS 辅助城市规划分析设计	24	专业基础	选修	综合	1	安装了 GIS 软件 ArcGIS10.0 的计算机每学生 1 台	掌握 GIS 的空间叠加分析技术和三维分析技术,能做到利用 GIS 制作各类现状及规划分析图纸

11.2 基本实验指导

实验一 GIS 软件平台的绘图基础

1）实验目的

掌握 ArcMap 的制图和编辑方法，能够运用 ArcMap 制作完整的图纸。

2）实验要求

验证操作。

3）主要仪器及耗材

每学生拥有 1 台安装了 GIS 软件 ArcGIS10.0 的计算机。

4）实验内容

（1）ArcMap10.0 基础操作

①打开地图文档：启动 ArcMap10.0、打开地图文档；

②操作图层：关闭/显示图层、调整图层顺序；

③浏览地图：放大、缩小、平移、全图等；

④数据视图和布局视图的切换。

（2）创建地图文档并加载数据

①创建地图文档：新建工作目录、创建地图文档、设置地图文档、保存地图文档；

②加载基础地形数据：连接工作目录、加载地形图、加载影像图、更改透明度、保存地图文档。

（3）创建 GIS 数据

①创建 Shapefile 文件；

②创建 Geodatabase。

（4）编辑几何数据

①开始、停止和保存编辑；

②使用绘图工具；

③边绘边输入属性；

④编辑效果的可视化；

⑤使用绘图模板绘图；

⑥修改图形：编辑折点、修整要素、分割、合并、平移、复制、平行复制、缓冲区、缩放、镜像、线的延长、剪切、圆角、平顺、简化等；

⑦使用捕捉功能：关闭、打开捕捉功能，捕捉特定点位，捕捉范围调整。

（5）编辑属性数据

①查看属性数据（三种方式：用编辑器工具条上的属性工具查看并编辑选定要素的属性，或者用选择工具条上的识别工具仅查看指定要素的属性，或者右键单击指定图层打开指定表集中显示和编辑某要素类所有要素属性）；

②增加或删除要素属性；

③编辑要素属性值；

④批量计算要素属性值;

⑤面积分类统计。

(6)为图面添加文字标注

①自动标记;

②地图注记;

③Geodatabase 注记。

(7)符号化表达数据的内容

表达数据的内容包括单一符号、分类符号、分级符号、分级色彩、比例符号、点密度、图标符号、组合符号等。

(8)制作完整的图纸

①设置图面;

②添加内图廓线;

③添加标题;

④添加指北针、缩图比例尺;

⑤添加图例。

(9)和其他软件联合制图

①和 CAD 联合制图;

②把 CAD 转化成 GIS 数据;

③把 GIS 数据转化成 CAD 格式;

④输出成图片格式;

⑤打包输出数据。

5)实验方法与步骤

(1)实验方法

理论讲授与计算机软件操作示范及上机指导实践相结合,要求学生按步骤完成相关练习。

(2)实验步骤

①理论讲解:对 ArcMap10.0 软件操作的基本知识进行理论讲解。

②操作示范:对相关操作进行步骤示范,让学生更直观地掌握相关操作技法。

③上机指导:让学生上机对所授的技法进行实践操作,并对其进行相关实际指导。

6)实验成果要求

要求学生能够熟悉 ArcMap10.0 软件的操作界面,掌握相关工具的基础操作,能够运用基本命令制作出完整的图纸。

7)实验进度及课程计划(见表 11.2)

表 11.2　本实验进度及课程计划表

序号	主要教学内容	学时
1	GIS 的基础概论	1
2	ArcMap10.0 基础操作	1

续表

序号	主要教学内容	学时
3	创建地图文档并加载数据	1
4	创建 GIS 数据	1
5	上机练习	2
6	编辑几何数据	1
7	编辑属性数据	1
8	上机练习	2
9	为图面添加文字标注	1
10	符号化表达数据的内容	1
11	上机练习	2
12	制作完整的图纸	1
13	和其他软件联合制图	1
14	上机练习	2

8）实验注意事项

所用的 GIS 软件为 ArcGIS10.0 中文版。

9）实验评分标准

成绩 = 平时表现（30%）+ 操作作业（70%）。

操作作业依操作的熟练程度划分为优秀、良好、中等、及格、不及格 5 个等级。

实验二　GIS 辅助城市规划现状分析

1）实验目的

掌握 GIS 的空间叠加分析技术和三维分析技术，能做到利用 GIS 制作各类现状及规划分析图纸。

2）实验要求

验证操作。

3）主要仪器及耗材

每学生拥有 1 台安装了 GIS 软件 ArcGIS10.0 的计算机。

4）实验内容

（1）现状容积率统计

①从地形图中提取建筑外轮廓线和层数。在 AutoCAD 中把建筑外轮廓线和层数标注提取出来，把每一栋建筑都处理成 1 个封闭的多段线，并保证层数标注位于多边形内部。在 ArcMap 中加载建筑外轮廓线文件，使用数据表的"空间连接"功能把建筑层数数据附加到建筑外轮廓线上，使建筑轮廓线要素拥有层数属性。

②建筑和地块的相交叠加。使用"地理处理"中的"相交"功能，将建筑和现状地块作相交叠加，使建筑附上所属地块的属性。

③建筑面积的分地块统计和地块容积率的计算。计算每栋建筑的建筑面积,用"汇总"功能汇总每个地块的建筑面积,连接"地籍边界"和"地块建筑面积. dbf"表,用"字段计算器"工具计算容积率。

④地块容积率的可视化表达。"分级色彩"符号化,标注容积率。

(2)城市用地适宜性评价

①确定适宜性评价的因子及权重。借助 yaahp 软件,运用层次分析法确定因子权重。

a. 启动 yaahp 软件,运用"决策目标"工具创建决策目标;

b. 运用"中间层要素"工具创建中间层要素;

c. 连接各因子,构造层次联系;

d. 运用"备选方案"工具创建备选方案;

e. 构造判断矩阵,计算得出权重汇总结果。

②单因素适宜性评价分级。对单个因子作适宜性评价,统一分级成 1~5 级,并转换成栅格数据。

a. 选择所有影响评价因子确定的要素,对各类要素进行缓冲区分析,为要素类作"多缓冲区"计算;

b. 联合叠加多个输出要素类并对其进行综合评价;

c. 运用"面转栅格"工具将综合评价结果转换成栅格数据,得到单因素栅格评价图。

③栅格叠加运算。运用空间分析工具→叠加分析中的"加权总和"工具对所有单因素评价的栅格数据进行加权叠加运算,得到综合评价图。

④划分适宜性等级:

a. 根据评价等级划分区间,对适宜性评价图进行"重分类"运算;

b. 对结果图层"适宜性评价分级"作类别符号化;

c. 使用"字段计算器"计算统计面积。

(3)地形的坡度坡向分析

①准备数据。在 AutoCAD 中关闭除"等高线"和"高层点"以外的所有图层,用"WBLOCK"命令导出等高线和高层点。

②创建 TIN 地表面。在 ArcMap 中加载导出的含有等高线和高层点的 CAD 图纸,运用"创建 TIN"工具设置等高线和高程点,创建 TIN 地表面。

③TIN 转栅格地表面。运用 TIN 转栅格工具,将"输入 TIN"设置为之前生成的 TIN 地表面,输入"输出栅格"存放路径及名称,设置合适的"采样距离"后完成 TIN 与栅格地表面的转换。

④对栅格地表面的坡度分析。在"目录"面板中,运用"坡度"工具计算得出每个栅格点的坡度值,对其作"分级符号化"显示处理,得出地形的坡度分析图。

⑤对栅格地表面的坡向分析。在"目录"面板中,运用"坡向"工具计算得出每个栅格点的坡向值,对其作"分级符号化"显示处理,得出地形的坡向分析图。

(4)规划地表面构建及填挖方分析

①构建规划地表面:

a. 启动 ArcMap,新建一个空白地图,复制"原始地表面"成"规划地表面",加载 TIN 数据

"规划地表面"。

b. 指定要编辑的 TIN 数据。在"3D Analyst"工具条的"图层"栏选择要编辑的 TIN 数据。

c. 启动编辑 TIN。启动"TIN 编辑"工具条,单击"TIN 编辑"按钮激活编辑工具。

d. 添加场地外边界线。运用"TIN 编辑"工具条中的"添加 TIN 线"工具添加场地外边界线。

e. 清除场地外边界线内的所有 TIN 断线。选择"TIN 编辑"工具条中"删除 TIN 节点"工具内的"按区域删除 TIN 节点"选项,沿场地外边界内部绘制一个多边形,清除场地外边界线内的所有 TIN 断线。

f. 绘制规划的二维标高控制线。新建"标高控制线(无标高)"要素类,根据竖向规划绘制道路的中线或边线、坡脚线、坡顶线等规划的二维标高控制线。

g. 将二维标高控制线叠加到现状地表面生成现状的三维标高控制线。运用"插值 Shape"工具,设置输入表面为"原始地表面",输入要素类为"标高控制线(无标高)",指定输出路径并设置输出要素类为"标高控制线(带高程)",勾选"仅插值折点"选项,生成现状三维标高控制线。

h. 设置每个标高控制线折点的规划标高。运用"编辑折点"工具条中的"草图属性"工具逐折点调整标高控制线的折点标高至规划标高。

i. 用规划的三维标高控制线更新地形。运用"编辑 TIN"工具,用"标高控制线(带高程)"更新规划地形;

②填挖方分析:

a. 启动 ArcMap,加载之前构建的"规划地表面"和"原始地表面"TIN。

b. 填挖方计算。在目录面板中启用"表面差异"工具(工具箱\系统工具箱\3D Analysis Tool\Terrain 和 TIN 表面\表面差异),生成多边形要素类"填挖分析"。

c. 制作填挖分析图。对"填挖分析"图层进行"唯一值类别"的符号化,"值字段"取"编码",调整其透明度,生成填挖方分析图。

d. 计算填挖量。打开"填挖分析"要素类的属性表,对"编码"字段作分类汇总,计算得出场地的填挖方量。

5)实验方法与步骤

(1)实验方法

理论讲授与计算机软件操作示范及上机指导实践相结合,要求学生按所授方法完成相关现状和规划分析图的绘制。

(2)实验步骤

①理论讲解:对 GIS 的空间叠加分析技术和三维分析技术的基本知识进行理论讲解。

②操作示范:对相关操作进行步骤示范,让学生更直观地掌握相关操作技法。

③上机指导:让学生上机对所授的技法进行实践操作,并对其进行相关实际指导。

6)实验成果要求

要求学生能够熟练掌握 GIS 辅助城市规划分析设计的相关操作技法,能够运用 GIS 软件辅助城市规划进行现状和规划分析,制作完成现状容积率统计、城市用地适宜性评价、地形的坡度坡向分析、规划地表面构建及填挖方分析的相关图纸。

7）实验进度及课程计划（见表 11.3）

表 11.3　本实验进度及课程计划表

序号	主要教学内容	学时
1	现状容积率统计	2
2	上机练习	4
3	城市用地适宜性评价	2
4	上机练习	4
5	地形的坡度坡向分析	2
6	上机练习	4
7	规划地表面构建及填挖方分析	2
8	上机练习	4

8）实验注意事项

所用 GIS 软件为 ArcGIS10.0 中文版。

9）实验评分标准

成绩 = 平时表现（30%）+ 操作作业（70%）。

操作作业依操作的熟练程度划分为优秀、良好、中等、及格、不及格 5 个等级。

第12章 城乡基础设施规划

12.1 课程实验概述

12.1.1 本课程实验的基础知识

本课程实验要求掌握的基础知识主要有《城乡规划原理》《城乡道路与交通》等方面的知识。

12.1.2 实践教学的目的

本实验的目的是使学生熟悉城乡基础设施规划的工作程序,了解城乡基础设施规划各方面的内容和深度,掌握国家有关法规的技术规范。

12.1.3 实践教学的基本要求

实验过程中,要求同学们能运用课堂所学的知识和方法,按国家相关技术规范要求,熟练掌握城市工程管线综合规划的基本方法和技术手段,满足各类基础设施规划的专业技术要求。

12.1.4 本课程实验教学项目与要求

本课程实验教学项目与要求见表2.1。

表2.1 城乡基础设施规划课程实验教学项目与要求

序号	实验项目名称	学时	实验类别	实验要求	实验类型	每组人数	主要设备名称	目的和要求
1	城镇给水管网设计	6	专项	必修	设计研究	1	计算机	使学生全面掌握城市给水管网规划设计方法
2	城镇排水工程规划设计	6	专项	必修	设计研究	1	计算机	掌握排水工程设计
3	城镇燃气工程规划设计	4	专项	必修	设计研究	1	计算机	掌握燃气工程设计
4	城镇电力电讯工程规划设计	4	专项	必修	设计研究	1	计算机	掌握供电工程设计
5	城镇综合管线规划设计	4	专项	必修	设计研究	1	计算机	

12.1.5 考核与成绩评定

①学生的成绩由两部分组成:平时成绩和设计成果的考核成绩。

②平时成绩占总评成绩的30%,根据考勤和中期进度检查两方面情况评分,设计过程中检查学生的基本概念是否清楚,是否按时完成每天的设计任务,并且每天都要考勤;设计成果占总评成绩的70%,评分标准书写是否工整,规划是否合理。

12.2 基本实验指导

由于课程实验所安排的学时不多,每项实验所分配的学时数较少。本课程实验中,选择会昌县中村乡的基础设施规划为例,采用真题假做的方式进行课程实验。

1)基础资料

中村乡位于会昌县东南部,其东与永隆乡交界,西与周田镇相接,南与洞头乡毗邻,北与站塘乡接壤。乡政府驻地(中村圩)周围地势平坦宽阔,交通方便,会河公路(会昌至河头水泥公路)、中长公路(中村至长岭)经此而过,中村至周田公路即将贯通,中村乡距县城约34 km。

中村乡现辖6个行政村(53个村民小组),1个居委会。2013年年末全乡总人口8816人,其中非农业人口1591人,农业人口7225人,集镇人口2425人。

中村乡辖区面积82 km²,耕地4 308亩。中村乡总面积101.92 km²,其中耕地面积212公顷,林地面积274.4公顷。森林覆盖率为79%。全乡主要农产品有水稻、脐橙、油茶、烟叶、茶叶。2013年稻谷产量有1 600 t、脐橙3.0万t、油茶2 000 t、烟叶375 t。矿产资源丰富,特别是正在开采的红山铜矿,红山铜矿探明储量8万t,还有钨、铋、钼等10多种矿产资源,能较大地带动当地经济发展及农民的收入。2014年全乡工农业总值为5.61亿元,全乡财政收入达483万元,农民人均年纯收入5546元。

2)中村乡基础设施现状

(1)给水工程

现有一处中村水厂,占地300 m²,每日出水400 t。现状水源为中联村焦坑和中和村苎坑的地表水。

(2)排水工程规划

中村乡现状是排水设施匮乏,集镇污水未经任何处理,直接排入水体,对环境影响较大。

(3)电力工程规划

中村集镇的供电电源由中村35 kV变电站供给,占地0.43公顷。线路为10 kV架空电力线。

(4)电信工程规划

中村乡现有一处电信营业场所,为租用店面,主要是缴费和买手机等功能。

(5)邮政工程规划

中村乡现有邮政所一个,位于中村大道中段北侧,占地面积约为500 m²。主要业务为函件、收寄、特快专递、包裹、收发报纸以及集邮等。

(6)广播电视工程规划

中村乡设有广播电视站,现有电视节目38套,自办节目1套,乡域基本全部覆盖。

(7)燃气工程

集镇现采用的是瓶装液化石油气,燃气由麻州液化气站供给。

3）中村乡总体规划概况

（1）城镇性质

中村乡属于城镇,以发展特色农业为主,以商贸服务业为依托的会昌县南部生态城镇。

（2）城镇职能

中村乡是政治、经济、文教中心,居住区设施完善,也是乡及周边地区的商贸物流中心。

（3）规模

2020 年集镇人口为 3 100 人,2030 年集镇人口预测为 4 300 人;远期 2030 集镇建设总用地为 42.26 公顷,人均建设用地指标为 98.28 m^2/人。

（4）布局结构

综合分析现状用地使用情况,用地自然条件及政策因素,重点发展新区,合理安排集镇的各项规划建设用地。

规划中村集镇总体布局呈带状,形成"一带两轴两区"的空间布局结构。

一带:指集镇的中村河打造的自然景观带。

两轴:指由集镇中村大道和中心路形成的城镇发展轴线。

两区:指北部片区、南部片区。

（5）功能分区

中村集镇分北部片区和南部片区。南部片区位于中村河以南,南部片区为集镇新区,规划该片区以居住、行政和文化及商贸服务为主。北部片区位于中村河以北,以现状集镇为基础,此区是重点打造的综合片区,此片区保留现状集镇的基础设施,并规划了行政办公、商业、停车场、文化娱乐等设施用地。此片区的中部适当填补空闲地,主要进行旧城改造和道路拓宽,部分地段保留,重塑城镇风貌。

（6）规划用地结构

规划用地结构详见表 12.2。

表 12.2　规划用地平衡表

序号	用地代号	用地名称	现状 2013 年			2030 年		
			面积/hm²	比例/%	人均/(m²·人⁻¹)	面积/hm²	比例/%	人均/(m²·人⁻¹)
1	R	居住用地	12.20	55.40	50.31	20.69	48.96	48.74
2	C	公共设施用地	6.70	30.43	27.63	10.13	23.97	23.56
	C₁	行政管理用地	0.95			1.49		
	C₂	教育机构用地	2.49			3.19		
	C₃	文体科技用地	0.25			0.51		
	C₄	医疗保健用地	0.54			0.67		
	C₅	商业金融用地	2.12			3.76		
	C₆	集贸市场用地	0.35			0.51		

续表

序号	用地代号	用地名称	现状 2013 年			2030 年		
			面积/hm²	比例/%	人均/(m²·人⁻¹)	面积/hm²	比例/%	人均/(m²·人⁻¹)
3	W	仓储用地	0.31	1.41	1.28	0.50	1.18	1.16
	W₁	普通仓储用地	0.31			0.50		
4	T	对外交通用地	0.00	0.00	0.00	0.77	1.82	1.79
	T₁	公路交通用地	0.00			0.77		
5	S	道路广场用地	2.35	10.67	9.69	5.06	11.97	11.76
	S₁	道路用地	2.35			4.03		
	S₂	广场用地	0.00			1.03		
6	U	公用设施用地	0.46	2.09	1.90	0.89	2.11	2.07
	U₁	公用工程用地	0.46			0.58		
	U₂	环卫设施用地	0.00			0.15		
	U₃	防灾设施用地	0.00			0.16		
7	G	绿化用地	0.00	0.00	0.00	4.22	9.99	9.81
	G₁	公共绿地	0.00			4.22		
		集镇建设用地	22.02	100	90.80	42.26	100	98.28

备注:集镇现状人口 2 425 人,集镇规划人口 4 300 人。

(7)规划图纸

规划图纸见图 12.1 至图 12.4。

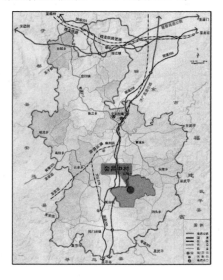

图 12.1　区位图

图 12.2　土地利用现状图

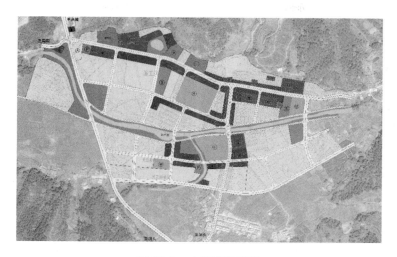

图 12.3　土地利用规划

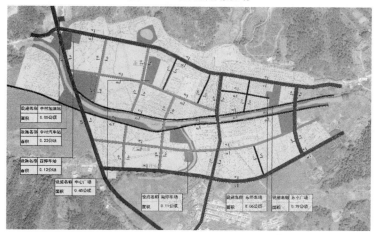

图 12.4　道路系统规划图

实验一　城镇给水规划设计

1）目的与要求

①理解和巩固基础理论知识；

②掌握给水工程中给水管网的布置与设计计算步骤方法和内容；

③提高管网设计、计算、绘图及计算机应用能力；

④熟悉并能应用一些常用的设计资料及设计手册；

⑤培养独立分析问题和解决问题的能力。

2）基本要求

①对给定的基础资料进行综合分析，查阅相关文献，通过技术经济比较确定方案。对选定的方案认真地仔细地进行理论分析与设计计算，编写设计说明书，绘制设计图纸。

②说明书、计算书应包括与设计有关的分析说明及计算。要求内容系统完整、条理清晰，计算准确，论述简洁明了，字体工整、页面整洁，装订整齐。

③设计图纸要求图面整洁、布局合理。

3）设计内容

①编写设计说明书一份

根据所给资料叙述城市的现状及发展概况,给水系统的布置,给水量的确定;设计流量的计算,管网设计中最不利工作情况的选定;最不利点的确定;管网的平差,水泵扬程的和流量的选定;根据管网等水压线图评论设计的质量。

②完成设计图纸

给水管网总平面布置图一张。

实验二　城市排水工程系统规划

1）目的与要求

①了解城镇排水的基本知识,掌握排水体制及选择原则,管道系统的分类;

②熟悉污水管网的水力计算,掌握污水量预算和计算,掌握污水管网的布置形式、布置原则;

③掌握雨水管渠系统布置的要求。

2）基本要求

通过城镇给水排水管网设计,使学生掌握给水排水管网的设计步骤和方法,为以后毕业设计及从事给水排水管网的工程设计打下初步的基础。

3）设计内容

①编写设计说明书一份,具体内容包括:

a. 设计概述、设计范围、设计资料;

b. 排水量的计算、排水方案的选择;

c. 管道系统平面布置说明;

d. 泵站及污水厂、出水口位置的确定。

②设计总图纸一张(要求干管及主干管,污水、雨水在一张图上即可),并标出排水方向。

实验三　电力电讯工程系统规划

1）目的与要求

①掌握电力负荷和电讯容量的预测方法和计算方法;

②掌握电源的分类,电源的选址、规划要点;

③掌握供电和电讯网络规划及设施规划。

2）基本要求

①对给定的基础资料进行综合分析,查阅相关文献,通过技术经济比较确定方案。对选定的方案认真进行仔细的理论分析与设计计算,编写设计说明书,绘制设计图纸。

②说明书、计算书应包括与设计有关的分析说明及计算。要求内容系统完整、条理清晰,计算准确,论述简洁明了,字体工整、页面整洁,装订整齐。

③设计图纸要求图面整洁、布局合理。

3）设计内容

①编写设计说明书一份。根据所给资料叙述电力供应的现状及发展概况,确定电量、供

电线路给水系统的布置,给水量的确定;设计流量的计算,管网设计中最不利工作情况的选定;最不利点的确定;管网的平差,水泵扬程的和流量的选定;根据管网等水压线图评论设计的质量。

②完成设计图纸。电力电讯规划布置图一张。

实验四　城市燃气工程系统规划

1）目的与要求

①了解燃气的基本知识,掌握燃气的负荷的分类及用气量的计算,能熟练运用燃气量的变化系数求解燃气量的问题。

②熟悉燃气输配设施,燃气管道的水力计算,掌握城市燃气输配管网及选择,燃气输、配管网的布置原则。

2）基本要求

①对给定的基础资料进行综合分析,查阅相关文献,通过技术经济比较确定方案。对选定的方案进行认真仔细的理论分析与设计计算,编写设计说明书,绘制设计图纸。

②说明书、计算书应包括与设计有关的分析说明及计算。要求内容系统完整,条理清晰,计算准确,论述简洁明了,字迹工整,页面整洁,装订整齐。

③设计图纸要求图面整洁、布局合理。

3）设计内容

①编写设计说明书一份。根据所给资料叙述燃气现状及发展概况,气源的确定、气站的选址、燃气管网的布置,调压站的设置等。

②完成设计图纸。燃气规划总平面布置图一张。

实验五　城市管线综合规划

1）目的与要求

①掌握城市工程管线综合规划原则与技术规定;

②熟悉城市工程管线综合协调与布置,城市工程管线综合详细规划。

2）基本要求

①对给定的基础资料进行综合分析,查阅相关文献,通过技术经济比较确定方案。对选定的方案认真仔细地进行理论分析与设计计算,编写设计说明书,绘制设计图纸。

②说明书、计算书应包括与设计有关的分析说明及计算。要求内容系统完整,条理清晰,计算准确,论述简洁明了,字体工整,页面整洁,装订整齐。

③设计图纸要求图面整洁、布局合理。

3）设计内容

①编写设计说明书一份。根据所给资料叙述综合管线现状及发展概况,依据相关规范确定管线间的空间关系和敷设方式等。

②完成设计图纸。综合管线布置图一张。

第13章 城乡总体规划

13.1 课程实验概述

13.1.1 本课程实验的目的

通过对此课程的实践和教学,培养学生认识、分析、研究城市问题的能力,掌握协调和综合处理城市问题的规划方法,并且学会以物质形态规划为核心的具体操作城市总体规划编制过程的能力,基本具备城市总体规划工作阶段所需的调查分析能力、综合规划能力和综合表达能力。

实验过程中,通过对城乡总体规划编制过程中有关问题的认识、分析和研究,使学生了解城乡总体规划的基本内容、流程和方法,初步掌握调查分析城乡问题的能力,掌握各类用地的规划布局原则,熟悉相关控制指标。同时让学生基本掌握利用 AutoCAD 软件导入和编辑特定的地形图,绘制和展示城市总体规划方案等基本技能。

13.1.2 本课程实验的要求

每次实验之前,教师先将实验的要点和难点做一详细介绍,必要时先演示具体操作过程,后由每个学生单独操作,教师予以现场指导。学生需在完成规定实验的基础上编写实验报告。

13.1.3 本课程实验的基础知识

本课程实验要求掌握的基础知识主要有《城乡规划原理》《城市地理学》和《城市详细规划》等方面的知识。

13.1.4 本课程实验教学项目与要求

本课程实验教学项目与要求见表 13.1。

表 13.1　城乡总体规划课程实验教学项目与要求

序号	实验项目名称	学时	实验类别	实验要求	实验类型	每组人数	主要设备名称	目的和要求
1	城市总体规划现状调研	6	专业	必修	验证	1	计算机	掌握调研方案的制订方法、资料收集的有关途径以及调研报告的撰写,以培养学生处理实际问题的能力

续表

序号	实验项目名称	学时	实验类别	实验要求	实验类型	每组人数	主要设备名称	目的和要求
2	案例分析	12	专业	必修	验证	1	计算机	通过资料收集和分析,建立好理论与实践的联系,培养学生提出问题、分析问题、解决问题的能力,为后续课程的学习打好基础,提高学生实践能力素质
3	城市总体布局	38	专业	必修	综合	3~4	计算机	使学生掌握城市总体规划方案编制的基本流程,综合运用相关知识点,利用 AutoCAD 软件独立完成城市总体规划方案编制

13.2　基本实验指导

实验一　城市总体规划现状调研

1)实验目的

现状调研是进行城市总体规划的重要基础,是认识城市现状、发现城市问题、了解城市未来需求的重要途径。通过城市总体规划现状调查,使学生掌握调研方案的制订方法、资料收集的有关途径以及调研报告的撰写,以培养学生处理实际问题的能力。

2)实验任务来源

现有赣州市赣县城市总体规划的编制任务,其中规划期限为 2016—2030 年,编制完成的时间为 1 年(2015 年),试完成编制前的现状调研工作。

3)实验内容

①本实验项目采用假题假做的方式进行,共安排 6 学时,由每位学生单独完成。

②试依据《城乡规划法》《城市规划编制办法》等相关要求制订出调研方案,包括资料收集清单、规划编制内容、技术路线、工作进度安排等。

③收集相关资料。采用相关文献和网络资料收集为主的方式,收集赣县自然、社会、经济、历史与文化资料,收集各类上位规划等与赣县总体规划有关的各类资料。

④调研报告撰写。分析整理相关资料,并撰写调研报告。通过对现状分析、社会经济相关环境分析、未来发展需求分析,提出赣县目前存在的问题、需要解决的问题以及未来的发展目标等。

实验二 案例分析——以南昌、九江、赣州等市城市发展为例

1）实验目的

通过资料收集和分析,建立好理论与实践的联系,培养学生提出问题、分析问题、解决问题的能力,为后续课程的学习打好基础,提高学生实践能力素质。

2）实验要求

本实验共安排 12 学时,实验任务在教师指导下学生单独完成,并以实验报告的形式提交,A4 打印并装订,字数为 3 000 ~ 5 000。

3）实验任务

通过对南昌、九江、赣州这 3 座城市发展资料的收集和分析,比较它们在城市战略、城市定位、城市规模和城市形态方面的异同,并分析造成这种异同的原因。

4）资料收集

资料收集由学生通过网络和相关文献进行。

实验三 某城市总体布局

1）实验目的

使学生掌握城市总体规划方案编制的基本流程,综合运用相关知识点,利用 AutoCAD 软件独立完成城市总体规划方案编制。

2）实验要求

根据给定的现状地形图和设计条件,确定城市用地发展方向、用地边界与规模、城市空间结构,合理组织城市各类用地,并与城市对外交通设施协调等。

3）实验基础资料

(1)兴国县概况

兴国县位于江西省中南部,赣州市北部,东倚宁都,东南邻于都,南连赣县,西邻万安,西北接泰和,北毗吉安市青原区、永丰,连接吉泰盆地,距赣州市 82 km、距省会南昌 346 km。全县辖 25 个乡镇、1 个经济开发区、304 个行政村、8 个城市社区,全县国土总面积 3 215 km²,总人口 82 万。县政府所在地为潋江镇。

2014 年,全县全年实现生产总值 121.82 亿元,增长 10.9%;完成财政总收入 13.01 亿元,增长 20.7%,其中公共财政预算收入 8.07 亿元,增长 27.9%;完成固定资产投资 83.3 亿元,增长 21.6%;实现规模以上工业增加值 41.8 亿元,增长 12.9%;实现社会消费品零售总额 29.26 亿元,增长 13.4%;城乡居民年人均可支配收入分别达 20224 元、6255 元,分别增长 10.3%、16.3%。

(2)城市规划区

城市规划区包括潋江镇、埠头乡、长冈乡行政辖区范围,长冈水库周边区域范围(鼎龙乡部分村庄)以及高兴镇、江背镇部分村庄,面积约 322 km²。其中,鼎龙乡包括灵山村、鼎龙村、湖溪村、水东村、水头村;高兴镇包括文溪村、山塘村;江背镇包括郑塘村、华坪村、园岭村、寨联村。

（3）中心城区

中心城区包括潋江镇行政辖区范围，长冈乡榔木村、泗网村、长冈村、集瑞村，埠头乡程水村、枫林村、埠头村、桐溪村、渣江村、大禾村，以及江背镇郑塘村，面积约 108 km²。

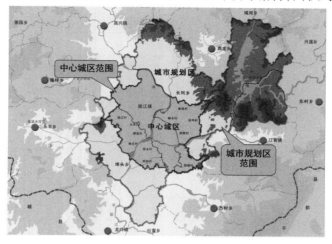

图 13.1　城市规划区与中心城区范围

（4）城市发展总体目标

把握赣南苏区振兴发展和新一轮扶贫开发两大历史机遇，以弘扬苏区精神为动力、以瑞兴于经济振兴试验区建设为平台、项目建设为抓手，大力实施"工业强县、旅游兴县、生态立县"战略，建设新时代"模范兴国"。力争在规划期内，将兴国建设成为赣州重要的卫星城市，宜居、宜业、宜游的园林城市。

（5）城市性质

国家级苏区精神传承教育基地，赣州北部重要的工贸城市，以红色文化为特色的生态旅游城市。

（6）城市职能

该区是江西省重要的特色农产品、花卉苗木生产与加工基地，赣南重要的机电制造、新型建材等先进制造业基地，赣南苏区重要的红色文化传承创新区与休闲旅游基地，赣州北部交通枢纽节点，县域政治、经济、文化中心。

（7）中心城区人口规模

中心城区人口至 2020 年为 29 万人，2030 年预计为 40 万人。

（8）中心城区建设用地规模

至 2020 年，中心城区城市建设用地规模控制在 32 km² 左右，城市人均建设用地约为 110 m²；至 2030 年，中心城区城市建设用地规模控制在 43 km² 左右，城市人均建设用地约为 108 m²。

（9）城市建成区现状

2012 年，城市建成区面积为 2287.48 公顷，用地结构见表 13.2，现状土地利用图如图 13.2 所示。

表 13.2 中心城区现状用地构成表

序号	用地代码	用地名称		面积/hm²	占城市建设用地/%	人均/(m²·人⁻¹)
1	R	居住用地		1195.32	52.25	59.71
		其中	一类居住用地(R1)	8.34	0.36	0.42
			二类居住用地(R2)	341.95	14.95	17.08
			三类居住用地(R3)	845.03	36.94	42.21
2	A	公共管理与公共服务用地		192.33	8.41	9.61
		其中	行政办公用地(A1)	32.64	1.43	1.63
			文化设施用地(A2)	15.09	0.66	0.75
			教育科研用地(A3)	105.42	4.61	5.27
			体育用地(A4)	2.67	0.12	0.13
			医疗卫生用地(A5)	25.23	1.10	1.26
			社会福利设施用地(A6)	3.23	0.14	0.16
			文物古迹用地(A7)	1.24	0.05	0.06
			宗教用地(A9)	6.81	0.30	0.34
3	B	商业服务业设施用地		96.33	4.21	4.81
		其中	商业设施用地(B1)	86.27	3.77	4.31
			商务设施用地(B2)	6.17	0.27	0.31
			公用设施营业网点用地(B4)	3.89	0.17	0.19
4	M	工业用地		323.90	14.16	16.18
		其中	一类工业用地(M1)	11.12	0.49	0.56
			二类工业用地(M2)	266.07	11.63	13.29
			三类工业用地(M3)	46.71	2.04	2.33
5	W	物流仓储用地		0.97	0.04	0.05
		其中	一类仓储用地(W1)	0.97	0.04	0.05
6	S	交通设施用地		308.45	13.48	15.41
		其中	城市道路用地(S1)	280.61	12.27	14.02
			交通枢纽用地(S3)	17.07	0.75	0.85
			交通场站用地(S4)	0.65	0.03	0.03
			其他交通设施用地(S9)	10.12	0.44	0.51

续表

序号	用地代码	用地名称		面积/hm²	占城市建设用地/%	人均/(m²·人⁻¹)
7	U	公用设施用地		24.50	1.07	1.22
		其中	供应设施用地(U1)	17.64	0.77	0.88
			环境设施用地(U2)	4.73	0.21	0.24
			安全设施用地(U3)	2.13	0.09	0.11
8	G	绿地		145.68	6.37	7.28
		其中	公园绿地(G1)	132.34	5.79	6.61
			防护绿地(G2)	7.46	0.33	0.37
			广场(G3)	5.88	0.26	0.29
总计		城市建设用地		2287.48	100.00	114.26

注:2012年中心城区人口20.02万人。

图13.2 城市建成区土地利用现状图

4）城市总体布局的要求

确定兴国县城市发展方向和城区空间增长边界，提出建设用地规模和建设用地范围，构建城市空间结构、组织城市用地功能布局，提出城市综合防灾体系。

5）成果要求

①规划设计说明书1份。

②规划设计图纸：土地利用现状图、土地利用规划图、城市空间结构图、居住用地布局图、公共服务设施布局图、道路系统规划图。

第 14 章　园林景观规划与设计（C）

14.1　课程实验概述

14.1.1　本课程实验的作用与任务

进一步使学生熟悉、掌握园林景观规划与设计的方法，训练学生设计思维和设计理念的形成，丰富园林景观规划设计阅历，提高设计水平。使学生能够将素描、水彩等设计手法运用到园林景观规划设计中，同时结合计算机辅助设计进行设计图纸的表现和创作，提高其设计成果的图面表达效果。

14.1.2　本课程实验的基础知识

本课程实验要求掌握的基础知识主要有《计算机文化基础》《建筑工程制图》《计算机辅助设计 CAD》《计算机图片处理技术》和《建筑表现》等方面的知识，也就是要有一定的计算机操作能力、建筑工程制图知识和城市规划或建筑方面的专业知识，这样我们才能用计算机快速准确地设计并绘制出高质量的专业图纸。

14.1.3　实验教学的目的和要求

本实践将帮助学生理解城市园林景观的主要作用及规划设计的基本过程，了解城市道路系统、城市广场、居住区、工业园区等各类城市单元绿地的指标，掌握各类城市绿地景观规划设计要点和图文表达方法。并在设计任务书的指导下，通过实地考察、教师指导，完成城市绿地景观系统的分项设计和成果表达等。具体来讲，需要掌握以下内容：

①系统、牢固地掌握从任务的正确理解、拟订工作方案、实地调研的程序和技能、实地资料的整理与分析，到遵循具体原则、规范，结合实际情况进行规划设计的全过程，并能够做出适度变通，以做到因地因时制宜。

②学习并掌握园林制图的基本规范、方法和技巧，熟练掌握与运用 AutoCAD、Photoshop、Sketch-up 等专业软件制作园林绿地平面图、侧视图、俯视图，以及现状图和规划图的程序和技巧。

③运用植物分类学知识，熟练掌握常见园林植物辨识、描述的程序和技巧，自如地运用不同园林植物及其特征进行规划设计。

④熟悉各类园林绿地要素的特征与功能，运用园林绿地系统布局和要素布局的原则和方法，密切结合造景的原则与规范，自主地进行景观设计与建造。

14.1.4 本课程实验教学项目与要求

本课程实验教学项目与要求见表 14.1。

表 14.1　园林景观规划与设计课程实验教学项目与要求

序号	实验项目名称	学时	实验类别	实验要求	实验类型	每组人数	主要设备名称	目的和要求
1	园林各类植物图面的抄绘	2	专业基础	必修	验证	1	图板、绘图纸若干、丁字尺、三角板、铅笔、针管笔、彩铅或马克笔或水彩及现有的图面材料等	掌握乔木、灌木、草坪和地被等植物的绘制方法,收集专用植物图库,以便在设计过程中选用
2	亭、廊、花架等建筑设施平面图及立面图的绘制	2	专业基础	必修	验证	1	绘图板、丁字尺、三角板、圆规、曲线板、绘图纸、铅笔、橡皮、刀片、塑料胶带等	了解亭、廊、花架等建筑设施图面画法
3	庭院设计	12	专业基础	必修	综合	1	图板、绘图纸若干、丁字尺、三角板、铅笔、针管笔、彩铅或马克笔或水彩及现有的图面材料等	掌握庭院设计的步骤、要求和方法,能做到对各种庭院进行设计和分析
4	学校(居住区)环境绿化设计	16	专业基础	必修	综合	1	图板、绘图纸若干、丁字尺、三角板、铅笔、针管笔、彩铅或马克笔或水彩及现有的图面材料、计算机每学生1台	掌握学校(居住区)绿地系统组成,学校(居住区)绿地系统规划设计要求。并能科学综合地运用所学知识,进行综合性的园林规划设计实践

14.1.5 实训设备、组织方式与基本要求

（1）实训设备

纸张、马克笔、铅笔、钢笔、针管笔、彩铅、调色盒、工具箱、水桶及其他。

（2）实训组织方式

①由任课教师讲解实训的基本原理、方法及要求,并为学生演示操作。

②以学生操作为主,教师指导为辅。

③ 按照分组方式,各选组长一名,由组长负责各组实训进度,并安排比赛,选拔优胜组前三名并加分。

（3）基本要求

①要求学生能够遵守画室的规章制度,杜绝出现迟到、旷课现象,杜绝大声喧哗。

②要求学生掌握实训所需知识、操作方法及步骤,记录实训中所遇到的问题。

③指导教师要认真帮助学生解决操作中的问题,每天对学生进行考核,并详细记录学生的成绩。

14.2　基本实验指导

实验一　园林各类植物图面的抄绘

1）实验目的

掌握乔木、灌木、草坪和地被等植物的绘制方法,收集专用植物图库,以便在设计过程中选用。

2）实验要求

验证操作。

3）主要仪器、耗材及实验条件

图板、绘图纸若干、丁字尺、三角板、铅笔、针管笔、彩铅(马克笔或水彩都可以)及现有的图面材料等。

4）实验内容

各类植物平面图的表示方法:

①乔木。乔木可分为针叶树和阔叶树两大类,根据落叶与否又分为常绿和落叶。乔木树林按照地面实际栽种面积的树冠投影形状来画林缘线,针叶树林用针刺状波纹表示;阔叶用圆弧波纹表示;常绿树在树冠内画上平行斜线。种植方式有规则式和自然式,密林和疏林之分。规则式树林可按设计要求设置株行距;自然式树林只需注明种植株数。密林表示与前同。疏林一般在林中空地上画出不规则的几何形圆弧来表示。

②灌木。灌木无明显的主干,呈丛生状。单株终止时采用扁圆不规则的凹凸线表示。丛植时采用不规则凹凸林缘线表示,其形状和面积需与实际栽植位置一致。一般不采用针叶灌木的表示法。灌木用作绿篱时,应有规则与自然之分,常绿与落叶之分。常绿绿篱需画上平行斜线,规则式绿篱边缘应整齐一致。

③藤本。藤本植物需攀附在山石、篱栅和棚架上。在公园多以棚架的形式出现,绘图时,棚架的形式要依设计的形状绘制。画单株藤本时可采用不规则圆并由边缘向中心画一弧线来表示。

④竹类。竹类在园林中常采用,且多为丛植。其画法是用圆弧状来表示种植的区域,当中画上表示竹子的"个"字形符号即可。

⑤花卉。花卉主要是指草本花卉。在公园中花卉以花坛、花带和花镜的形式出现。花坛有多种形式如花丛式和模纹式等。其画法是在花坛的植床内画上小点和小圆点。画花带时,可在植床内画上规则的连续弯曲的曲线。花镜的画法是在长形带状的植床内,画上表示各种花卉植物面积的边线,并注明花卉名称(可用数字表示)。

⑥水生花卉。在公园中常用荷花、睡莲等植物来点缀,美化水面。其画法是在水面上疏密不等地画上一些小圆圈。表示水生植物时,在水生植物的周围用一虚线画一范围,表示水生植物生长的控制范围。

⑦草坪植物。草坪多匍匐地面生长,耐践踏,大面积种植可以形成草坪。草坪依据其形

状分为规则式和自然式。其画法是在表示草坪的地方点上许多点即可。

5）实验原理、方法和手段

采用仪器和徒手绘图的方法。

6）实验组织运行要求

以教师集中讲授和指导，学生自主训练为主的教学组织形式。

7）实验步骤

①教师讲解，学生了解各类植物的平面表示方法。

②教师指导，学生抄绘各类植物的平面、立面画法。

8）实验报告

①实验前预习园林各类植物图面的表示方法。

②实验中用 A4（钢笔＋马克笔表现）图幅抄绘各类植物的平面、立面画法。对实验内容如实作好记录。

③完成实验报告。

9）实验注意事项

1996 年 3 月起实施的《风景园林图例图示标准》对植物的平面及立面表现方法作了规定和说明，图纸表现中应参照"标准"的要求和方法执行，并应根据植物的形态特征确定相应的植物图例或图示。

10）实验评分标准

根据提交成果进行评分，占总实验成绩的 10%。

11）相关文献

金煜主编的《园林植物景观设计》等资料。

实验二　亭、廊、花架等建筑设施平面图及立面图的绘制

1）实验目的

了解亭、廊、花架等建筑设施图面画法。

2）实验要求

验证操作。

3）主要仪器、耗材及实验条件

图板、绘图纸若干、丁字尺、三角板、铅笔、针管笔、彩铅（或马克笔或水彩）及现有的图面材料等。

4）实验内容

（1）亭子

亭在公园中广为应用，主要供游人庇荫、休息、眺望和点景之用。亭的形式有正多边形、不等边形、曲边形、半亭、双亭和组合亭等。

（2）廊

廊是有顶的游览道路，可以防雨遮阳，联系不同景点和园林建筑，并自成游憩空间。廊可分隔或围合成不同形状和情趣的园林空间，并能强调山麓、协调山水的关系。廊的类型有直廊、曲廊、弧形廊、爬山廊、双面廊、楼廊、水廊、桥廊等。

(3)花架

花架与廊的功能相同,但建筑只是一构架而以植物为主,强调攀缘植物的特色,花架有平顶和拱顶之分,宽度为 2 ~ 5 cm,材料可用铁、水泥、石、砖等。

5)实验原理、方法和手段

采用仪器和徒手绘图的方法。

6)实验组织运行要求

采用以教师引导为辅,学生自主训练为主的教学组织形式。

7)实验步骤

①对校园或公园中的亭、廊、花架等建筑设施进行调查,分析其周围的环境。

②对某一亭或廊或花架进行实地测量。

③用 A3 图幅绘制所测量建筑设施的平面图和立面图。

8)思考题

①建筑设施按使用功能分为哪几类?

②各类中又有哪些主要的建筑设施?

9)实验报告

①实验前预习亭、廊、花架等建筑设施图面画法。

②实验中对校园或公园中的亭、廊、花架等建筑设施进行调查,分析其周围的环境。用 A3 图幅绘制所测量建筑设施的平面图、立面图。对实验内容如实做好记录。

③完成实验报告。

10)实验评分标准

根据提交成果进行评分,成绩占总实验成绩的10%。

11)相关文献

胡长龙编著的《园林规划设计》等资料。

实验三 庭院设计

1)实验目的

掌握庭院设计的步骤、要求和方法,能做到对各种庭院进行设计和分析。

2)实验要求

综合操作。

3)主要仪器、耗材及实验条件

图板、绘图纸若干、丁字尺、三角板、铅笔、针管笔、彩铅(或马克笔或水彩)及现有的图面材料等。

4)实验内容

(1)现状调查与分析

①获取项目信息;

②基地调查;

③现状分析;

④编制设计意向书。

（2）功能结构分区

①功能分区草图；

②功能分区图。

（3）植物种植设计

①植物种植初步设计；

②植物种植详细设计。

5）实验原理、方法和手段

按照概念→形式→深入的程序进行设计；采用仪器和徒手绘图的方法。

6）实验组织运行要求

采用以学生自主训练为主的开放模式组织教学。

7）实验步骤

①规划前进行调查，完善设计任务书。

②对现状进行分析。

③在调查与分析的基础上进行规划设计。

④确定设计区域具体的绿化植物种类。

⑤绘制庭院设计的平面图。

⑥编写规划设计说明书。

8）思考题

无。

9）实验报告

①实验前预习庭院规划设计的程序、草本花卉植物造景设计等知识点。以小组为单位，按实验步骤，自行设计实验方案。

②实验中按实验方案认真进行调查与现场踏查。用 A1 图幅绘制庭院设计图并附上相应的规划设计说明书（要求作图规范、图面整洁，说明书应把主要的内容表述清楚）。对实验内容如实作好记录。

③完成实验报告。

10）实验注意事项

在景观设计中，植物与建筑、水体、地形等具有同等重要的作用，因此在设计过程中应该尽早考虑植物景观，并且也应该按照现状调查与分析、初步设计、详细设计的程序按步骤逐次深入。

11）实验评分标准

根据提交成果进行评分。占总实验成绩的 40%。

12）相关文献

诺曼·K.布思，詹姆斯·E.希斯著，马雪梅，彭晓烈译，《住宅景观设计》；[美]里德著，郑淮兵译，《园林景观设计：从概念到形式（原著第 2 版）》。

实验四　学校（居住区）环境绿化设计

1）实验目的

通过该实验，要求学生掌握学校（居住区）绿地系统组成及学校（居住区）绿地系统规划设计要求，并能科学综合地运用所学知识，进行综合性的园林规划设计实践。

2）实验要求

综合操作。

3）主要仪器、耗材及实验条件

绘图板、丁字尺、三角板、圆规、曲线板、绘图纸、铅笔、橡皮、刀片、塑料胶带等。

4）实验内容

①园林制图的基本知识和技能；

②园林植物种植设计的基本原理；

③园林规划设计的程序；

④学校（居住区）绿地系统规划设计。

5）实验原理、方法和手段

该实验为设计性实验，学生在实验前应充分了解实验所涉及的原理，根据实验步骤，以小组为单位，自行设计实验方案并进行实验。

6）实验组织运行要求

采用以学生自主训练为主的开放模式组织教学。

7）实验步骤

①对校园（居住区）环境进行认真调查与现场踏勘。在此基础上进行校园（居住区）绿地系统规划设计。

②在该规划设计中，要明确学校（居住区）绿化设计的内容。

③确定设计区具体的绿化植物材料。

④绘制规划设计图并编制设计说明书。

8）思考题

①居住区绿地有哪些种类？

②在进行居住区绿地规划设计前主要调查哪些内容？

③居住区绿地规划设计的原则有哪些？

9）实验报告

①实验前预习园林规划设计的程序、学校（居住区）绿地设计等知识点。以小组为单位，按实验步骤，自行设计实验方案。

②实验中按实验方案认真地进行调查与现场踏查。用 A1 图幅绘制学校或某一居住区绿地规划设计图并附上相应的规划设计说明书（要求作图规范、图面整洁，说明书应把主要的内容表述清楚）。对实验内容如实做好记录。

③成果要求：

a. 方案特色；

b. 现状条件分析；

c. 空间组织和景观设计；

d. 详细总平面图；

e. 种植设计（包括种植意向、苗木选择）；

f. 1~2 处节点放大详图；

g. 地面铺装设计（意向图、材料选择）；

h. 2~3 处立面详图；

i. 1~2 处主要景观节点效果图（手绘或 CAD 绘制）。

10）实验注意事项

在景观设计中，植物与建筑、水体、地形等具有同等重要的作用，因此在设计过程中应该尽早考虑植物景观，并且也应该按照现状调查与分析、初步设计、详细设计的程序按步骤逐次深入。

11）实验评分标准

根据提交成果进行评分，成绩占总实验成绩的50%。

12）相关文献

胡长龙编著的《园林规划设计》等资料。

第15章 城市设计

15.1 课程实验概述

15.1.1 本课程实验的目的与要求

通过本课程的教学与设计实践,使学生能运用城市设计的基本理论和方法,掌握城市设计的操作程序与步骤、培养各层次城市设计的基本设计技能,包括城市总体设计、城市分区设计、历史地段保护城市设计、重点地段城市设计等,培养学生在城市设计实践中的实际分析能力和综合表现能力。

15.1.2 本课程实验的基础知识

本课程实验要求掌握的基础知识主要有"城市规划原理""建筑设计""中外城市建设史""详细规划""总体规划""景观规划与设计"等方面的知识。

15.1.3 本课程实验教学项目与要求

本课程实验教学项目与要求见表 15.1

表 15.1　城市设计课程实验教学项目与要求

序号	实验项目名称	学时	实验类别	实验要求	实验类型	每组人数	主要设备名称	目的和要求
1	重点地段城市设计	32	专业基础	必修	综合	2	安装了 Office、AutoCAD 和 Photoshop 软件的计算机	运用城市设计的基本理论和方法,掌握城市设计的操作程序与步骤。

15.2 基本实验指导

实验　文化创意产业园城市设计

1)教学目的

①通过本次设计课程,掌握城市设计的基本思路、流程和方法,了解城市设计任务的一般要求,完成一套较为完整的设计成果。

②城市更新是城市设计任务的重要内容,通过本次设计,尝试从熟悉的城市环境出发,创造有时代感与历史意义的场所环境。

③了解旧城保护更新设计的一般手法和方式。

④进一步提高设计方案的书面和口头表达能力,熟悉设计团队运作的通常做法。

2)设计主题

围绕"地方营造、有机更新"这一主题,以赣州市赣南纺织厂作为设计对象,进行基地和主题的解读,自行以独特、新颖的视角解析主题的内涵,以全面、系统的专业素质进行城市设计。

原国营赣南纺织厂简称赣纺,区域优越,交通便捷,位于赣州河套老城区,占地面积约15公顷,于1969年建厂直至1998年破产改制,曾经在赣州创造了一次又一次工业文化的辉煌,同时也成为了一大批老赣州人的集体记忆,无论是曾经的赣纺工人,抑或是了解关心赣纺历史的民众,一提到"赣纺"都有讲不完的故事。

本次设计结合政府的棚户区改造,对赣纺地区进行景观设计及旧厂房改造设计,将其打造为文化创意产业园。该项目北靠红旗大道,西南接文明大道。设计结合老工业厂房改造,强调对工业遗留痕迹的再生,打造特色文化创意产业园。

3)规划设计要求

①紧扣"地方营造、有机更新"主题、立意明确、构思巧妙、表达规范(注意图纸的深度与比例),鼓励具有创造性的思维与方法。

②规划设计总平面布局合理,功能分区明确,结构清晰、流线顺畅、联系便捷。

③合理调整道路和空间结构以梳理原有的道路空间,充分考虑周边主干道的景观效应。

④在保留厂房的基础上进行改造,使老厂房的工业历史元素可以保留,同时也可以使老厂房焕发出新的活力。

⑤基地内叶剑英住所旧址必须保留,且维持现有状况不变,不得改作其他用途。周边的建筑高度和形体要处理好与该文保单位建筑的关系。

⑥营造完整的能够体现地方建筑文脉与城市发展的城市空间。

⑦合理考虑整个规划区域的建筑高度、建筑空间形象。

⑧合理组织文化创意产业办公、配套服务等空间布局,既要便于管理,又要适当开放。设置宜人的步行环境,处理好消防要求。

⑨形成连续的统一性的场地景观,营建室外空间完善的绿化休息系统。

4)规划设计内容

(1)现状调研和分析

①查阅相关旧工业厂房更新改造已有的案例资料。

②应当开展深入的现状调查与研究,对城市空间的历史演变、发展、周边环境景观形成、规划区内各类建筑的功能、空间结构、交通流线、人员活动、环境景观与建筑特色等进行分析和研究,为本次设计工作奠定科学的研究基础。

(2)规划设计

①空间形态规划。本次设计应结合旧工业厂房的空间性质,强调重要建筑形态和空间肌理的保护。按照保护原则和目标,提出迁出或拆除影响保护区的环境和景观的单位及建筑物、构筑物的方案,提出可保留建筑的整治方案、迁出建筑的安置方案以及拆除建筑的还建方案。

②功能布局设计。本设计应充分调查与分析用地建设现状、空间形态,科学、合理地把握地块用地的功能与定位,提出其土地利用的优化与调整策略。

③道路交通组织。充分研究公交改善策略、交通设施布局、步行体系等,协调统一地段内自身交通组织的完整合理性。对地段内的车辆停放方式、停车场面积和位置给出合理建议,完善地段内外的交通联系。

④重要节点的城市设计。选择地段内若干重要节点进行深入设计。

⑤绿化景观规划。应根据整体保护的原则,制定古树名木的保护规划,结合地区的环境特性,创造较好的绿化景观。对城市家具、照明设施、景观小品、铺地和广告标志等提出意向性设计。

(3)设计成果

①调研部分:文本——现状分析说明、图纸——至少应包含地段区位分析图(比例自定)、现状总平面图、用地功能分析图、空间形态分析图、建筑质量分析图、建筑高度分析图、道路交通现状图、绿化及景观现状图。

②更新设计部分:文本——设计说明、设计指引、相关保护发展策略及技术经济指标;图纸——至少应包含总平面图、设计概念生成示意图、功能分区规划图、交通系统规划图、公共配套设施规划图、景观及绿化规划图、开敞空间系统规划图、重要城市节点的设计方案(透视图可以手绘)。

5)进度安排

教学计划:总计 8 周(见表 15.2)。

表 15.2　教学计划时间安排

阶段	定位	教学内容	学时分配	布置作业	备注
第一阶段	资料调研	讲课(2 课时) 专题讲课,布置题目 制订现场踏勘计划 根据规划特点,拟订外出参观实习与基地调研提纲; 分析资料,对课题所涉及相关方面进行初步研究	2	踏勘,2 人合作整理并分析基础资料,绘制全套现状图和分析图,收集类似案例	现状调研以 PPT 形式汇报
		完善调研报告,将现状调研成果整理为 A1 图纸形式; 收集相关案例,学习经验	2	2 人合作完成调研成果,形成初步构思	不打印,电脑汇报

续表

阶段	定位	教 学 内 容	学时分配	布置作业	备注
第二阶段	设计概念与构思	讲课(2课时) 评讲第一次草图方案; 整理思路,修改完善方案; 布置第二次草图任务	4	个人完成第一次草图,提出设计理念	
		系统研究并构思总体用地布局和空间结构; 完善并确定设计理念; 讲课(2课时),评讲设计理念; 策划并拟订概念性规划草案	4	个人多方案比较,明确设计方向,完成第二次草图	
第三阶段	总体构思策划	讲课(2课时),评讲第二次草图 选定几个设计节点; 明确专题研究方向	4	深入设计方案,完成节点设计	
		明确专题研究、完善 Sketch 设计模型; 制作工作草模,强化空间感觉; 布置第三次草图任务	4	完成第三次草图 完成工作草模 基本完成 su 建模	电脑汇报
第四阶段	方案整合	讲课(2课时),评讲第三次草图, 进一步梳理设计内容, 设计指导,方案完善,	4	完成各个专题设计,绘制正图	
		完成平面图渲染; 完成鸟瞰图制作; 完成节点放大设计相关图纸; 深入推敲方案内容,做好图面构图和上板准备	4	排版,构图;完成全部设计图纸	
第五阶段	成果提交	方案定稿	2	排版审核,打印出图准备,做好汇报 PPT	
		PPT 汇报,交图	2		

备注:1. 人员配置上,第 1 阶段由全组成员配合协作完成,第 2、3、4、5 阶段均由个人独立完成。

　　2. 设计成果须由各班班长负责收齐后再转交教师。

6)正式图纸提交要求

①展板文件:设计作业 JPG 格式电子文件 1 份(共 4 张),图幅设定为 A1 图纸(84.1 cm×59.4 cm)。(应保证出图精度,分辨率不低于 300 dpi。勿留边,勿加框)

②网评文件:设计作业 PDF 格式电子文件 1 份(4 页),文件量大小不大于 10 M,文字图片应清晰。

7）评分标准

学生作业的总评成绩由平时成绩和考试成绩两部分组成,其中平时成绩占40%,包括课堂考勤(10%)和各阶段草图成绩(30%);考试成绩(正图成绩)占60%。

8）其他

地形图(图15.1)详见附件(CAD)。

图15.1　地形图

第16章 控制性详细规划

16.1 课程实验概述

16.1.1 本课程实验的基础知识

本课程实验要求掌握的基础知识主要有"城乡规划原理""城乡基础设施规划""城乡总体规划"等。

16.1.2 实践教学的目的

通过对此课程的实践和教学,培养学生调查分析和综合思考的能力。要求学生掌握控制性详细规划编制的基本方法。

方案应做到因地制宜、经济技术合理,理论联系实际,充分反映建设用地环境的社会、经济、文化和空间艺术的内涵,使设计的成果既严谨规范便于操作实施、又具有适当灵活性的特点。

本课程结合实践性规划项目组织施教。课程教学的内容和要求可根据实际和虚拟的工程项目来拟定。所选项目规模和深度要适当,要使学生可在规定的教学课时内完成作业,实现教学要求。

16.1.3 实践教学的基本要求

①使学生掌握控规层次公共服务设施规划内容;

②掌握控规地块划分的原则和方法;

③掌握土地强度开发应考虑的因素,从全局出发确定地块开发强度;

④掌握控规图则编制方法,确定指标的方法,要求指标兼顾刚性弹性;

⑤掌握控规中城市设计的内容;

⑥学会说明书的编写。

16.1.4 本课程实验教学项目与要求

本课程实验教学项目与要求见表16.1。

表 16.1　控制性详细规划课程实验教学项目与要求

序号	实验项目名称	学时	实验类别	实验要求	实验类型	每组人数	主要设备名称	目的和要求
1	控制性详细规划	40	专业基础	必修	综合	4~5	计算机	掌握控制性详细规划编制的基本方法；培养调查分析与综合思考的能力，做到因地制宜、经济技术合理，理论联系实际，充分反映建设用地环境的社会、经济、文化和空间艺术的内涵，使设计的成果既具有建设的导向作用，严谨规范，便于操作实施，又具有适当灵活性的特点

16.1.5　考核与成绩评定

本实验的考核方式为考查。评分采用百分制，由指导教师依据学生在实验期间个人的学习表现、成果报告等两方面综合评定，分值构成及标准见表 16.2。

表 16.2　成绩评定内容及分值

评分项目		分值
图纸	文本	15%
	区位图	2%
	土地使用现状图	3%
	土地使用规划图	5%
	地块划分编号图	3%
	道路交通规划图	5%
	地块控制指标图	10%
	公建/市政设施规划图	5%
	城市设计概念图	8%
	绿化景观系统规划图	8%
	鸟瞰图	10%
	各类分析图	6%
学习态度与纪律		10%
学习出勤		10%
总计		100%

16.2　基本实验指导

16.2.1　控制性详细规划的技术要点

1)任务分析

控制性详细规划课程设计应从任务书的解读、基础资料的收集与分析开始,明确规划区的交通、经济区位条件,上层次规划和相邻地区规划的要点以及自身发展存在的问题及今后的发展设想。主要分析要点包括五个方面:一是上层次规划和相邻地区规划要求。规划设计要考虑与上一级的城市总体规划、分区规划的衔接,要考虑规划区的性质定位与产业发展方向须符合要求。如果规划区还涉及相邻地区规划要求,则要考虑在规划中如何与之相衔接。二是控制性详细规划课程设计要解决的关键性问题。规划所面临的问题和挑战很多,每个课题项目的实际情况都不一样,要以问题为导向开展规划设计工作,根据现状调研阶段对资料的收集和分析,找出规划建设中存在的主要矛盾和问题,以此为切入点来思考下一步规划设计应采取的对策;三是地域文化特色的传承。在城市重要景观地带和历史保护地带,需要考虑如何采取城市设计引导的手法,为开发控制提供管理准则和设计框架,以获得高质量的城市空间环境并保护和强化城市特色;四是课程设计成果和深度的要求的内容。对于控制性详细规划,要分析课程设计任务书哪些是强制性要求的内容,哪些是非强制性的要求,设计成果中不同的内容要达到什么设计深度。五是设计进度和人员组织的安排。根据设计任务书的实践学时数的要求以及设计工作量,合理安排从概念草图、初步方案到正式方案的各阶段的时间分配。

2)设计原则

①与上一级规划相衔接协调的原则;

②土地及其他资源的集约和永续利用,保护自然与历史文化遗产的原则;

③因地制宜、突出地方特色的原则;

④整体优化原则,考虑整体环境效益、经济效益、社会效益的统一;

⑤以人为本、尊重公众意愿的原则;

⑥统筹规划,讲究实效、突出重点。

3)规划设计要点

(1)土地使用控制

土地使用控制,即是对建设用地上的建设内容、位置、面积和边界范围等方面做出规定。其具体控制内容包括用地性质、用地使用相容性、用地边界和用地面积等。用地使用性质按《城市用地分类与规划建设用地标准》(GB 50137—2011)规定建设用地上的建设内容。在具体操作上要注意用地面积和征地面积两者概念的差别,对地块的用地边界划分要综合考虑街坊开发建设的灵活性以及小规模成片更新的可操作性等因素。土地使用相容性(土地使用兼容)通过土地使用性质兼容范围的规定或适建性要求,给规划管理提供一定程度的灵活性。用地性质的确定要有一定的弹性余地,要制定土地相容规划。所谓"相容",是指某一类性质的用地内允许建、不许建或经过某规划部门批准后许建的建筑项目。

(2)环境容量控制

环境容量控制即为了保证良好的城市环境质量,对建设用地能够容纳的建设量和人口聚集量作出合理规定。其控制指标一般包括容积率、建筑密度、人口密度、人口容量、绿地率和空地率等。容积率和建筑密度分别从空间和平面上规定了建设用地的建设量;人口密度规定了建设用地上的人口聚集量;绿地率和空地率表示公共绿地和开放空间在建设用地里所占的比例。这几项控制指标分别从建筑、环境和人口三个方面综合、全面地控制了环境容量。各项控制指标是控制性详细规划的核心内容,实践中采用的指标赋值方法,一般有以下几种:城市整体密度分区原则法、环境容量推算法、人口推算法、典型实验法、经济推算法和类比法。

(3)建筑建造控制

建筑建造控制即为了满足生产、生活的良好环境条件,对建设用地上的建筑物布置和建筑物之间的群体关系作出必要的技术规定。其主要控制内容有建筑高度、建筑间距、建筑后退、沿路建筑高度、相邻地段的建筑规定等,同时还包括消防、抗震、卫生防疫、安全防护、防洪及其他专业的规定(如机场净空、微波通道等)。影响建筑高度的因素有经济因素、社会环境因素、基础设施条件限制等;建筑后退距离要考虑后退用地红线、道路红线、河道蓝线、绿线、黑线、紫线等专业控制线的具体要求,还要考虑城市景观、城市公共活动空间要求等。建筑间距的控制要保证建筑物之间必要的距离,满足消防、卫生、环保、工程管线和建筑保护等方面的基本要求。

(4)城市设计引导

城市设计引导多用于城市中的重要景观地带和历史文化保护地带,依照空间艺术处理和美学原则,从城市空间环境对建筑单体和建筑群体之间的空间关系提出指导性综合设计要求和建议,乃至用具体的城市设计方案进行指导。控制性详细规划中的城市设计引导的一般流程为:先确定规划区域的空间结构骨架、各地块的用地功能风貌、道路绿化系统。再从城市设计的角度来考虑不同空间序列的关系,形成城市设计总体概念与结构,以"城市设计概念图"加以表达。同时,将空间形态、建筑风貌的要求以指标的形式确定下来,用以指导修建性详细规划建筑单体设计。

(5)配套设施控制

配套设施是生产、生活正常进行的保证,配套设施控制即对居住、商业、工业、仓储等用地上的公共设施和市政设施建设提出定量配置要求。包括公共设施配套和市政公用设施配套。

公共设施配套,一般包括文化、教育、体育、公共卫生等公共设施和商业、服务业等生活服务设施的配置要求;市政设施配套包括给水、排水、电力、通信及机动车和非机动车停车场(库)以及基础设施容量规定等。配套设施控制应按照国家和地方规范(标准)作出规定。公共服务设施主要包括城市总体层面的公共服务设施以及不同性质用地上的公共服务设施两大类,要注意两者概念、等级层次、服务水平上的差异。

(6)行为活动控制

行为活动控制即从外部环境的要求,对建设项目就交通活动和环境保护两方面提出控制要求。交通活动的控制在于维护交通秩序,其规定一般包括规定允许出入口方向和数量,交通运行组织规定等。环境保护的控制则通过限定污染物排放最高标准,来防治生产建设或者其他活动中对环境的污染和危害,达到环境保护的目的。控规阶段的道路及设施控制,主要指对路网结构的深化、完善和落实总体规划、分区规划对道路交通设施和停车场(库)的控制。

16.2.2　实验基础资料

本实验以会昌县高速公路出入口区域为例,采用真题假做的方式进行控制性详细规划的编制。

1)规划范围与面积

规划区范围东至济广高速公路及 206 国道,西至九州大道,南至东环路及花溪路,北至环城南路,总用地面积为 425.6 公顷。

2)现状人口与建设情况

现状居住用地主要为零星分布的农村居民点,主要为林富村、林苏村、林岗村和九州村 4 个行政村的 15 个自然村,总户数约为 514 户,人口总数约为 2 408 人,见表 16.3。

表 16.3　现状居住人口基本情况一览表

行政村	自然村	户数/户	人口/人
林富村	杨梅江(171 人)、石背(120 人)、桐子树下(230 人)	104	521
林苏村	水口(90 人)、学堂下(138 人)、上屋(184 人)、下屋(161 人)、蓑衣塘(147 人)、大鱼潭(156 人)、乌仙崇下(179 人)	228	1 055
林岗村	上坝(209)、下坝(123)、新建(93)、立新(106)	107	531
九州村	沙河(301)	75	301
总计		514	2 408

规划区内用地现状:少数为已建成区,多数用地未开发建设。规划区现状建设用地沿 206 国道两侧展开,建设用地总面积约为 45.10 公顷,主要为居住用地、区域交通设施用地,占地面积分别为 29.13 公顷、10.53 公顷,占现状建设总用地面积的 64.59%、23.35%。非建设用地主要为水域和农林用地,其中水域面积为 65.10 公顷,农林用地面积为 315.40 公顷,见表 16.4。

表 16.4　现状用地一览表

序号	用地代码		类别名称	面积/公顷	占总用地比例/%
1	R		居住用地	29.13	64.59
	其中	R2	二类居住用地	6.84	
		R3	三类居住用地	22.29	
2	A		公共管理与公共服务设施用地	0.33	0.73
	其中	A1	行政办公用地	0.33	

续表

序号	用地代码		类别名称	面积/公顷	占总用地比例/%
3	B		商业服务业设施用地	0.15	0.33
	其中	B1	商业用地	0.15	
4	M		工业用地	1.17	2.60
	其中	M2	二类工业用地	1.17	
5	S		道路与交通设施用地	3.10	6.87
	其中	S1	城市道路用地	2.50	
		S4	交通场站用地	0.60	
6	U		公用设施用地	0.24	0.53
	其中	U1	供应设施用地	0.24	
7	G		绿地与广场用地	0.45	1.00
	其中	G2	防护绿地	0.45	
8	H		区域交通设施用地	10.53	23.35
	其中	H22	公路用地	10.53	
			建设总用地	45.10	100.00
	E		非建设用地	380.50	
	E1		水域	65.10	
	E2		农林用地	315.40	
合计			规划区总用地	425.60	

3）功能结构与用地规划

本区域功能结构规划为"一廊二轴三区"的功能结构形态。"一廊"，即湘江滨水绿廊；"二轴"，即九州大道城镇发展轴、206 国道城镇发展轴；"三区"，即湾南居住片区、小渔潭商业服务综合片区与台商创业基地东部片区。规划建设用地如表 16.5 所示。

表 16.5　规划建设用地一览表

序号	用地代码		类别名称	面积公顷	占总用地比例/%
1	R		居住用地	51.15	14.11
	其中	R2	二类居住用地	51.15	
2	A		公共管理与公共服务用地	1.86	3.55
	其中	A2	文化设施用地	0.22	
		A3	教育科研用地	1.64	

续表

序号	用地代码		类别名称	面积公顷	占总用地比例/%
3	B		商业服务业设施用地	33.24	9.17
	其中	B1	商业设施用地	22.64	
		B2	商务设施用地	6.38	
		B3	娱乐康体用地	3.67	
		B4	公用设施营业网点用地	0.55	
4	M		工业用地	67.77	18.70
	其中	M1	一类工业用地	67.77	
5	W		物流仓储用地	20.92	5.77
	其中	W1	一类物流仓储用地	20.92	
6	S		道路与交通设施用地	60.80	16.77
	其中	S1	城市道路用地	60.00	
		S4	交通场站用地	0.80	
7	U		公用设施用地	0.41	0.11
	其中	U1	供应设施用地	0.41	
8	G		绿地与广场用地	112.40	31.01
	其中	G1	公园绿地	91.29	
		G2	防护绿地	20.48	
		G3	广场用地	0.63	
9	H		区域交通设施用地	13.95	3.85
	其中	H22	公路用地	13.95	
	小计		建设总用地	362.50	100.0
	E		非建设用地	63.10	
	其中	E1	水域	63.10	
	合计		规划区总用地	425.60	

实验　控制性详细规划

1）实验分组与任务

每4~5名学生分为一个实验小组，任务分为个人任务和公共任务。其中实验小组中每个学生需独立完成用地规模控制在1.0 km² 左右的控制性规划编制任务，并独立完成相应内容的控规文本。公共成果由组内同学合作完成。

2）规划内容和要求

（1）所需收集或完善的规划基础资料

①总体规划或分区规划对本规划地段的规划要求，相邻地段已批准的规划资料；

②土地利用现状；

③人口分布现状；

④建筑物现状，包括房屋用途、产权、建筑面积、层数、建筑质量、保留建筑等；

⑤公共设施规模和分布；

⑥工程设施及管网现状使用状况、开发方式等；

⑦所在城市及地区历史文化传统、建筑特色等资料。

（2）控规文本的内容要求

①总则。制定规划的依据和原则，主管部门和管理权限。

②功能定位与发展规模：

a. 发展目标和功能定位。明确本控制性详细规划所在地区的发展目标和功能定位。

b. 发展规模。确定规划范围的人口规模、用地规模和建设规模。

③公共服务设施。编制《公共服务设施规划一览表》，非独立设置的社区级公共服务设施的位置。说明非独立设置的社区级公共服务设施符号所在的位置为规划建议位置，可结合规划实施在适当的范围内调整。

④住宅。说明住宅的规划指标、住宅套数控制以及住宅套数控制的规划执行方法和程序。

⑤建筑规划管理。说明建筑间距的规定、建筑物后退道路红线距离的规定、相邻地段的建筑规定、建筑高度控制、建筑界面控制。

⑥道路交通。说明本规划道路系统的功能等级布局和断面形式，交通设施控制线，并说明交通设施控制线及远期道路红线的控制要求。

⑦市政设施。说明各种市政设施的用地面积、设置方式、防护隔离要求，编制《市政设施一览表》，明确各类市政设施控制线。

⑧综合防灾。说明防洪除涝、消防、应急避难场所等设施的布局位置、用地面积等。

⑨块划分以及各地块的使用性质规划控制原则、规划设计要点。

⑩地块控制指标一览表。

a. 规定性指标一般为用地性质、建筑密度、建筑控制高度、容积率、绿地率、交通出入口方位、停车泊位及其他需要配置的公共设施。

b. 指导性指标一般为人口容量（人/hm²）、建筑形式、体量、风格要求、建筑色彩要求、其他环境要求。

（3）说明书的内容与要求

①概况。内容为综述规划编制的背景情况，所在区、新城或新市镇的区位情况，周边单元的发展状况及对本单元发展的影响分析以及其他相关区位分析。

②上位规划及相关规划解读。说明已批准的城市总体规划、分区规划、单元规划及各类专项规划对规划范围的要求，以及相邻地区已批准规划的情况；重点说明上位规划在功能定位、城镇建设用地规模、人口规模、居住用地比例、人均住宅建筑面积标准、公共服务设施配

套等方面对规划范围所提出的控制要求。

③总则。总则说明本控制性详细规划所依据的法规、条例、标准、规范、政府文件以及已批复的上位规划及相关规划,阐述控制性详细规划编制所遵循的主要原则,规划范围的功能定位与发展方向,提出规划范围的规划理念、发展目标等。

④发展规模。通过论证并说明规划范围的人口规模、用地规模和各类建设规模等。

⑤土地使用规划:

a.分析规划范围内保留、在待建、置换和规划用地的范围、面积及比例构成、特点及存在的问题;说明规划范围用地布局结构与功能组织,说明各类用地的分布和规模;确定规划结构,明确功能分区、发展轴线和重要发展节点。

b.以国家规范中用地分类标准和现状用地权属为依据划分地块,并确定各地块的控制指标。要说明地块划分原则,该规则用地性质、容积率、建筑高度、住宅套数等指标确定依据等。

⑥公共服务设施规划。说明现状市级、区级公共服务设施的情况并分析存在问题;对比上位规划中公共服务设施的控制要求,分别落实上层次规划及本区域确定的公共服务设施。尤其要说明现状基础教育设施的建设情况并分析存在问题;说明规划基础教育设施的规模及分布、设置方式、服务半径等。

⑦住宅规划。该规则说明现状住宅使用状况和存在问题,住宅规划的原则以及发展导向;阐述住宅高度的大致分布以及原因;说明保障性住宅、小户型住宅等布局的基本思路以及各类住宅的规划标准,住宅建筑套数,型比例的建议要求,停车配建标准以及布局要求。

⑧建筑规划管制。该管制说明现状建筑高度情况,说明高度控制的原则,明确地区建筑高度的总体布局,提出高度分区,确定地区基准高度、间距,提出地标建筑设置的布局设想及控制要求;说明建筑界面控制的原则和主要构思,提出控制区域及要求。

⑨生态环境规划。该规划说明现状绿地、水系等情况以及存在问题;说明绿地规划的原则和总体构思结构,提出绿地面积比例、人均公共绿地面积等指标要求,公园绿地的布局以及规模。明确规划范围内部及与周边地区的空间关系;说明对街道空间及其他开放空间的设计构思与控制要点。

⑩道路交通系统规划:

a.分析现状道路、交通状况及主要问题、发展趋势;分析上层次规划和落实情况、规划前提条件;阐述道路交通规划的目标、原则、指导思想;分析主要规划对策、道路系统规划思路、方案重点和实施建议。

b.说明重要节点规划方案;说明对上位规划的道路系统进行完善及修改的内容及原因;说明主要道路功能、推荐断面、交叉口形式和原因;说明干道网密度、支路网密度和道路网密度,道路面积率等主要规划指标;说明交叉口红线展宽的原因;说明远期道路红线的控制原因。

c.交通设施。说明各类交通设施现状、上层次规划落实情况、存在问题、发展趋势,提出原则目标、规划对策及实施建议。说明公共交通设施布局要求;明确换乘枢纽设置指标的选用依据、设施布局的规划意图;说明静态交通规划思路、指标选用、实施对策和建议,并对公共停车场/库的布局安排作出说明。

d. 交通组织。针对现状的主要问题,阐述规划思路——包括公共交通系统、慢行系统规划设计思路、目标和原则,实施对策和建议等。

⑪市政基础设施规划:

a. 给水工程规划。进行给水设施现状评价及存在问题评价,发展需求分析及规划对策,确定用水标准;预测各类用水量;提出对水质的要求;确定供水方式,布置给水管网,确定给水管径,确定给水泵站、给水厂及其他主要给水设施和构筑物的位置和规模,明确控制要求。

b. 雨水、防洪工程规划。

进行雨洪设施现状评价及存在问题分析和发展需求分析及规划对策,内容包括:

(a)排水体制、暴雨强度公式和防洪标准选定。

(b)确定汇水面积。

(c)布置雨水和防洪管渠;确定管径以及雨水泵站等设施的位置和规模,明确控制要求。

c. 污水工程规划:

(a)污水设施现状评价及存在问题分析。

(b)发展需求分析及规划对策。

(c)制定污水计算标准、指标系数和排放标准,确定污水总量。

(d)布置排水管网,确定管径;确定污水泵站或污水处理厂等设施的位置和规模,明确控制要求。

d. 电力工程规划:

(a)电力设施现状评价及存在问题分析。

(b)发展需求分析及规划对策。

(c)选定各类建筑用电负荷计算指标,预测电力负荷。

(d)布置 110 kV 及以上变电站,确定其位置、容量、接线和规模,明确控制要求;布置高压走廊和电缆通道,提出宽度控制;明确道路照明要求。

e. 通信邮政工程规划:

(a)通信邮政设施现状评价及存在问题分析。

(b)发展需求分析及规划对策。

(c)选定预测标准,预测各类通信邮政量需求。

(d)布置各类通信局址,确定其位置、容量和用地,明确控制要求;布置通信管道,确定管道容量。

f. 燃气工程规划:

(a)燃气设施现状评价及存在问题分析。

(b)发展需求分析及规划对策。

(c)确定气源类型、用气量指标、参数、供气方式及压力级制,预测用气量。

(d)确定调压站或气化站、供应站等位置、容量和用地,明确控制要求;布置管网,确定管径;确定防火间距。

g. 环卫工程规划:

(a)环卫设施现状评价及存在问题分析。

(b)发展需求分析及规划对策。

（c）确定垃圾产生指标，预测垃圾量。

（d）落实上层次规划确定的控制要求；确定各类环卫设施的位置、用地等配置标准，说明控制要求。

⑫水系规划。水系现状评价及存在问题分析；说明河道水系的规划控制原则，说明规划策略；确定航道等级和净空界限，明确蓝线控制要求等。

⑬综合防灾规划。

a.防灾现状（防洪、消防、应急避难）评价及存在问题分析。

b.发展需求分析及规划对策。

c.防灾规划落实上层次规划确定的控制要求；确定防灾设施的位置、用地和配置标准，明确控制要求。

⑭实施措施与建议。针对规划的实施与管理提出具体的应对措施与策略。对改造地区及其他规划实施难度较大的地区，可进行规划分期实施计划及策略研究。

（4）控规图纸的内容要求

①公共成果：

a.区位图（图纸比例不限）；

b.用地现状图（图纸比例为1∶2 000）画出各类用地范围（分至小类），标绘建筑物现状、人口分布现状、市政公用设施现状，必要时可分别绘制；

c.土地使用规划图（图纸比例同现状图）画出规划各类使用性质用地的范围；

d.道路交通规划图（图纸比例1∶2 000）；

e.绿地景观系统规划图（图纸比例1∶2 000）；

f.公建/市政设施规划图（图纸比例1∶2 000）。

②个人成果（用地规模1.0 km² 左右，可适当扩大）：

a.城市设计导向图，包括城市设计概念（图纸比例1∶2 000）对控规阶段城市设计构思的表达、对应个人所选定的规划范围的总平面图（图纸比例1∶2 000）空间形态示意图、对应上述总平面的全鸟瞰图（A1，彩色，表现手法不限）。

b.地块划分。地块划分编号图（图纸比例1∶5 000）标明地块划分界线及编号（和文本中控制指标相应）。

c.地块控制指标图：

（a）规划各地块的界限，标注主要控制指标；

（b）道路（包括主次干道、支路）走向、线型、断面，主要控制点坐标、标高；

（c）停车场和其他交通设施用地界线。

（5）进度安排

本实验进度安排见表16.6，进度要求中的内容若在规定时间不能完成，则由学生课外完成。

表 16.6　实验进度安排

序号	学时	进度要求	备注
1	2	布置题目、明确任务、收集资料、现状调查	现场踏勘
2	3	合作方案阶段:区位图、土地使用现状图	各类分析图
3	5	合作方案阶段:土地使用规划图(方案)、文字报告、控规专题研究	
4	4	合作方案阶段:公建和市政设施规划图	
5	4	合作方案阶段:城市设计概念图、地块划分编号图	开始进入独立方案阶段
6	6	独立方案阶段:开发强度研究、地块控制指标系统制定	
7	6	独立方案阶段:引导性规划、总平面图(空间形态示意)、鸟瞰图	
8	10	独立方案阶段:文本写作、最终成果整理	
合计	40		

第 17 章 城市规划快题表现

17.1 课程实验概述

17.1.1 本课程实验的作用与任务

"城市规划快题表现"课程是城乡规划专业的专业必修实践环节之一。通过本课程的教学,旨在促进学生对规划相关理论知识吸收,从设计要求、设计重点、设计过程、表现过程 4 个方面入手,结合实例,提高学生快速设计表达能力,并为此后的规划考研、设计院实习、毕业设计等实践教学环节奠定基础。

17.1.2 本课程实验的基础知识

本课程实验要求掌握的基础知识主要有"建筑画环境表现与技法""建筑工程制图""城乡规划原理""规划设计资料集""建筑设计资料集""城市居住区规划设计规范"方面的知识。也就是要有一定的手绘能力、一定的建筑工程制图知识,掌握一定的城市规划或建筑方面的专业知识及设计规范,这样学生才能快速设计并绘制完成高质量的成果作品。

17.1.3 实践教学的目的和要求

城市规划快题设计是设计者在短期内对规划条件及设计要求进行快速分析,进而完成方案构造及其表达的设计过程,是城市规划设计中较为特殊的形式。在课程教学中,要求学生比较全面、系统地掌握快题设计的基本知识和基本技能,能熟练和正确运用快速表现手法,快速的表现方案构思,并尽可能完整、流畅地完成一定数量的相关快题设计成果。通过本课程的教学,旨在促进学生对规划相关理论知识吸收,从设计要求、设计重点、设计过程、表现过程 4 个方面入手,结合实例,提高学生快速设计表达能力,并为此后的规划考研、设计院实习、毕业设计等实践教学环节奠定基础。

17.1.4　本课程实验教学项目与要求

本课程实验教学项目与要求见表 17.1。

表 17.1　城市规划快题表现课程实验教学项目与要求

序号	实验项目名称	学时	实验类别	实验要求	实验类型	每组人数	主要设备名称	目的和要求
1	城市规划设计要素及成果的徒手快题表现技法	16	专业基础	选修	验证	1	图板、绘图纸、硫酸纸、拷贝纸若干、丁字尺、三角板、铅笔、针管笔、钢笔、彩铅、马克笔、水彩及现有的图面材料等	掌握城市规划快题设计中建筑、交通设施、外部环境的平面表达技法，熟悉彩铅、马克笔等快题成果的色彩表现手法，收集专用建筑、外部环境图库，以便在快速设计过程中选用。
2	常见类型的规划快题设计	48	专业基础	选修	综合	1	图板、绘图纸、硫酸纸、拷贝纸、色纸若干、丁字尺、三角板、计算器、橡皮、小刀、胶带、圆模板、圆规、铅笔、针管笔、钢笔、彩铅、马克笔、水彩及现有的图面材料等	掌握规划快题设计的步骤、要求和方法，能对居住区、城市中心区、校园等常见的规划快题类型进行分析设计和快速表现。

17.2　基本实验指导

实验一　城市规划设计要素及成果的徒手快题表现技法

1）实验目的

掌握城市规划快题设计中建筑、交通设施、外部环境的平面表达技法，熟悉彩铅、马克笔、水彩等快题成果的色彩表现手法，收集专用建筑、外部环境图库，以便在快速设计过程中选用。

2）实验要求

验证操作。

3）主要仪器及耗材

图板、绘图纸、硫酸纸、拷贝纸若干、丁字尺、比例尺、三角板、铅笔、针管笔、钢笔、彩铅、马克笔、水彩及现有的图面材料等。

4）实验内容

（1）建筑的平面表达

要注意建筑的细化，用双线表达建筑轮廓，将外轮廓线加粗，形体要丰富，有变化，屋顶应适当处理，不同类型的建筑应能反映出其功能要求；可增加玻璃天窗、室外平台、连廊等增加屋顶变化，丰富平面；并需注明建筑层数及功能。

（2）交通设施的平面表达：

交通设施包括道路及机动车停车、回车场。道路是城市的骨架，根据道路等级及功能的不同，道路又分为城市道路、片区内部道路及步行道路等3种类型。在道路的平面表达中，城市道路及片区内部主要道路需要用虚线表示出道路中心线，用双线划定人行道的范围；片区内部次要道路及支路仅需用单线表达出路幅宽度即可；步行道路则需要用铺装进行填充细化。机动车停车场及回车场的平面表达注意把握好单个停车位的尺寸、车行流线的设计以及回车场场地形式及尺寸。

（3）外部环境的平面表达

①植物的表达：

a.灌木的表达。一般用多条弧线组成的简单轮廓线来表达，其轮廓可为双线，在外的线条稍深，在内的线条稍浅。轮廓内可打一些点表示树干。

b.乔木的表达。孤植、对植、丛植、自由群植、成组成团、几何篱植；树阵、树列中的树一般以浅色平涂，以深色加绘暗部，再辅以阴影；行道树的乔木往往用一个圆圈简单表示，画法及大小一致，排布时应五个一组、七个一列，疏密有致，用比草坪颜色深的色彩直接描绘暗部，加以阴影。

c.草坪的表达。直接用平涂色彩来表达，需细致表达时可以用疏密不一的点来代表草坪，一般在草坪与道路、建筑交界等处会更密一些。在色彩的表达上，可用浅色平涂，再附以深色折线；也可直接用一种色彩平涂或变化折线表达；草坪的色彩要与乔木和灌木区分开，一般草坪浅，树木深。

②铺地的表达。铺地与道路、绿地之间要有明确的界限，不同的铺地应有不同的材质表现（水平线、网格、打点、冰裂纹等）。一般区域的铺地，可以用间距相等或不相等的平行线、网格来表达，并通过格子的大小宽窄来进行场地的区分，注意大小不能失真；主入口、中心广场等重要节点的铺地一般需要重点设计，往往采用更加细致和复杂的图案来表达铺地的材质。

③水面的表达。常见的水面有自然岸线、自由式水池、整形式水池等几种，自由式水体主要有局部膨大型、发散渗透型、系列收放型、综合型等几种平面类型。水面岸线通常用双线表达，靠近岸边的线条较深，表示岸线的阴影，远离岸边的线条较浅；水面可以用平涂的方式表达，但注意需要留白；也可以用曲线或者有力的折线表示，也可以加点表示光影变化。

④运动场地的表达。按照一定比例用线条划定运动场地的范围，注意不同运动场地尺度，在场地范围内简要细化出各类场地的限制线。

⑤阴影的表达。阴影的绘制应注意高度差别，高度差别在平面图上以影子的长短区分，因此要注意影子的长短应与高度成正比，并要注意高层建筑的阴影落在较低建筑之上时阴影的表达；阴影的方向多打在建筑的北边，影子的方向可以为西北或东北，建筑物及树木的

方向要保持统一。

（4）规划分析图的表现

规划分析图一般采用模式化的图示语言表达规划结构信息。这些图示语言常采用点、线、圈、箭头等图解符号加以表达。

①功能分区分析图的表现：

用于分析规划区主要功能单元的空间布局，图中包含的主要内容为各功能区的分布，一般用不同颜色的填充图案表达不同类型的功能区。

②道路交通分析图的表现：

用于分析规划区内的交通组织，包括周边道路、内部主要车行道路、次要车行道路、主要步行道路、停车空间（地上停车、地下停车）、主要出入口等。车行道路和步行道路一般用粗细不同颜色实线或虚线表达；主要出入口用三角形或箭头表达。

③绿地系统分析图的表现：

用于分析规划区内绿化的整体组织，表现的内容包括各级绿地、绿心、绿带、绿轴、绿化渗透等。

④景观系统分析图的表现：

主要用于分析规划区内的景观组织，表现的内容有各级景观节点、各级景观轴线、景观界限、视线通廊、景观渗透等。

（5）空间效果图的表现

①轴测图。首先根据规划总平面图确定各要素（道路、建筑、水系、主要场地等）的基本位置，并将其旋转一定的角度（一般以45°为宜），然后再根据高度，将建筑拉伸成三维形体，注意前后遮挡关系。

②透视图。遵循近大远小的透视规律，与画面平行的直线在透视中仍与画面平行，与画面不平行的平行线消失于一点，其中相互平行的水平线，消失点都在视平线上。

（6）徒手快题表现技法

①钢笔表现。用不同的线条表达不同的要素，直线描绘建筑、道路及规整场地环境，曲线表达植物、水体；通过线条的疏密程度表达明暗关系；要求线条清晰流畅、简洁肯定；交界处大胆交叉接头；落笔要肯定、稳定，不拖泥带水。

②马克笔表现。惯用色彩搭配的准备：模仿个人喜欢的优秀实例，选择已搭配好的效果不错的色彩系列，并提前选择所需笔的类型和色彩，一般准备表现铺地、玻璃、水、草地、树以及阴影的相应马克笔，最好每类准备深浅不同的几只马克笔，用来表现层次变化。

先浅后深的上色顺序：建筑（通常留白）——道路（浅灰）——广场水域步行路——草地（浅绿）——树（深绿）——阴影（黑灰），先渲染最浅的颜色，逐渐加上深色，可以获得好的混合效果，进而形成富有层次感的画面。

张弛有度的力度和速度：下笔和收笔时力度适当，运笔时干脆流畅，才能形成洒脱自如的图面效果。

干净利落的线条排列：马克笔切忌反复涂抹，常采用折线的方式表现料子的过度，用平行的由粗到细的线条或者线条由密到疏的间隔来表现渐变。

适时变换的方向力量：由于马克笔的特点，在绘图时如果注意适时变换方向及力度，可以形成较为丰富的笔触。

③彩铅表现。一般在快题表现中，较多采用水溶性彩色铅笔，除了具备普通彩色铅笔的优点之外还可以结合小毛笔画出水彩的效果；彩色铅笔笔触较小，不适合大面积表现，因此可以结合色纸等特殊的纸张使用，借助图纸的底色来操作；使用彩铅时注意线条排列有序，排线主要是力道和准确性的把握，方向要一致，线条不宜过长，以免显得太过潦草。

5）实验方法与步骤

（1）实验方法

理论讲授与实例示范相结合，要求学生手绘完成相关作业。

（2）实验步骤

①理论讲解。对城市规划快题设计中建筑、交通设施、外部环境的平面表达及徒手快题表现的基本知识和基本技能进行理论讲解。

②实例示范。通过实例示范，让学生更好地掌握相关要素及成果的表现技法。

③作业布置。要求学生收集相关要素的平面表达图库，完成2张色彩表现作业。

6）实验成果要求

（1）建筑的平面表达成果要求

要求学生掌握以下主要类型建筑的平面形态，不同功能及类型建筑按比例各手绘收集5个平面形态。

①住区建筑：

a.住宅建筑：低层、多层、小高层、高层等；

b.配套建筑：底商、会所、幼儿园、小学校、老年人活动中心等。

②中心区建筑：

a.办公建筑：多层办公建筑、高层办公建筑；

b.商业建筑：大型购物中心、商场、商业步行街、酒店、商业综合体等；

c.文化建筑：影剧院、文化馆、图书馆、博物馆、会展中心等。

③校园建筑：

a.教学建筑：公共教学楼、综合楼、专业系馆、图书馆等；

b.办公建筑：行政办公楼；

c.生活建筑：宿舍、食堂、后勤服务楼；

d.文体建筑：体育馆、风雨操场、学生活动中心。

（2）交通设施的平面表达成果要求

要求学生掌握以下主要道路交通设施的设计要点及平面表达，各等级道路按比例手绘一种平面表达方式，机动车停车及回车场按比例手绘收集3种表达形式。

①道路：

a.城市道路：快速路（35~45 m）、主干路（40~55 m）、次干路（30~50 m）、支路（15~30 m）；

b.内部道路：主要道路（15~25 m）、次要道路（10~15 m）、支路（6~10 m）；

c.步行道路：道路人行道、滨水步行道、绿地步行道、高架步行道、商业步行道。

②机动车停车、回车场：

a. 机动车场：平行式、垂直式、斜列式；

b. 回车场：各类回车场形式及尺寸。

（3）外部环境的平面表达成果要求

要求学生掌握以下主要外部环境的平面形态及表达方式，各种植物、铺地、水体分别手绘收集 3 种平面表达形式，手绘收集每类运动场地、阴影的平面表达各一种。

①植物：灌木、乔木、草坪；

②铺地：一般区域、重点区域、广场；

③水体：几何水池、自由水面；

④运动场：羽毛球场、排球场、篮球场、网球场、标准 200 m 田径场、标准 400 m 田径场。

⑤阴影：建筑阴影、树木阴影、岸线阴影。

（4）规划分析图表现成果要求

要求学生掌握以下分析图包括的主要内容及各分析图中常用图解语言的表达方式，各类图解语言手绘收集 3 种表达方式。

①功能分区分析图：功能区；

②道路交通分析图：车行道路、步行道路、地上停车、地下停车；

③绿地系统分析图：绿心、绿带、绿轴、绿化渗透；

④景观系统分析图：景观节点、景观轴线、景观界面、视线通廊。

（5）空间效果图及徒手快题表现成果要求

临摹完成 A3 尺寸的马克笔色彩表现及彩铅色彩表现作业各一张，要求至少有一张为空间效果图。

7）实验进度及课程计划（表 17.2）

表 17.2　本课程实验学时安排

序号	主要教学内容	学时
1	快题表现的基础概论	1
2	建筑的平面表达	2
3	交通设施的平面表达	1
4	外部环境的平面表达	4
5	规划分析图的表现	4
6	空间效果图的表现	2
7	徒手快题表现技法	2

8）实验注意事项

1994 年出版的《建筑设计资料集》（第二版）3，4，5，7 集对民用建筑及相关场地的设计做了规定和说明，图纸表现中应参照"资料集"的尺寸要求执行。

9）实验评分标准

$$成绩 = 平时表现（30\%）+ 平时作业（70\%）$$

平时作业依作业的数量和质量划分为优秀、良好、中等、及格、不及格 5 个等级。

实验二 常见类型的规划快题设计

1）实验目的

掌握规划快题设计的步骤、要求和方法，能对居住区、城市中心区、校园等常见的规划快题类型进行分析设计和快速表现。

2）实验要求

验证操作。

3）主要仪器及耗材

图板、绘图纸、硫酸纸、拷贝纸、色纸若干、丁字尺、比例尺、三角板、计算器、橡皮、小刀、胶带、圆模板、圆规、铅笔、针管笔、钢笔、彩铅、马克笔、水彩及现有的图面材料等。

4）实验内容

（1）居住小区快题设计与表现

①合理的功能分区。

a. 居住区常见功能：居住、服务配套、公共绿地。

b. 功能区布置要点：各功能区既相对独立，又保持紧密联系，以水系、道路等自然或人工元素进行区分。居住应考虑私密性，避免紧邻城市主干道和大型公共服务设施；服务配套应满足各自的用地条件和服务半径要求；公共绿地应满足均好性的需要。

②明确的空间结构。住区常见空间结构有轴线对称型、周边环路型、四菜一汤型、葡萄型、簇群型。

③通而不畅的交通组织。

a. 住区路网常见形式有线性路网、环形路网（内环路网、中环路网、外环路网）、秤钩形路网、马鞍形路网、S 形路网、L 形路网、U 形路网。

b. 住区交通组织要点：主要车行、人行道路出入口在空间上应该完全分开，设置步行道路和车行道路两个独立的路网系统；步行道路必须是连续地贯穿于居住区内部，服务于整个社区，将绿地、活动场地、公共服务设施等串联起来，并深入各住宅主要出入口；车行道路应分级明确，一般以枝状尽端路或环状尽端路伸入到各住宅或建筑群体的背面入口，在车行道路沿线周围配置适当数量的停车位，在路的尽端处设置回车场。

④适宜的出入口。小区道路与城市道路的交叉口不宜过多，但至少要有两个方向与城市道路相接；道路交叉口要尽量为直角，夹角不要小于 75°；出入口应当位于城市次干道或者支路上，距城市道路交叉口距离不小于 70 m；机动车对外出入口间距不应小于 150 m，人行出入口间距不宜超过 80m；沿街建筑物长度超过 150 m 时，应设不小于 4 m×4 m 的消防通道；当建筑物长度超过 80 m 时，应在低层加设人行通道。

⑤合理并富有变化的建筑布局。

a. 住宅布置基本形式：行列式、周边式、点群式、混合式、自由式。

b. 住区主要配套服务设施的布置：

（a）会所：在入口处与道路结合外向型布置或与中心绿地结合内向型布置。

（b）商业设施：常沿城市道路线状布置或在主要出入口处与高层裙房结合布置。

（c）幼儿园：常与中心绿地结合布置、在组团内部布置或在不同组团之间独立布置。

（d）小学：一般布置在住区边缘，设置需满足 500m 的服务半径，并注意运动场朝向。

⑥特征突出的绿化景观。

a. 住区公共空间景观系统的结构形式：一字形、T 字形或十字形、Y 字形、U 字形。

b. 住区主要绿化景观的布置：

（a）主入口景观：可结合入口广场，也可通过布置列柱、标志性雕塑的方法增加特色，同时也可考虑借助花坛造景、喷泉等景观。

（b）中心景观：通常设计集中的中心广场和绿地，配以步行小路、休闲场地、运动场地等要素。

（c）组团景观：设置运动器械等小型运动设施，配以孤植、对植的景观树点缀其中。

（2）城市中心区快题设计与表现

①合理的功能分区。

a. 中心区常见功能：办公、商业、文化以及娱乐，还有可能存在部分居住功能。

b. 功能区布置要点：设计时要注意各种功能的区分和融合，按照动静分区、成组成团的原则有序布置，相同属性的功能放置在一起，相互排斥的功能适当隔离。城市中心区的居住部分相对独立；行政办公区一般结合市政广场布置，常采用对称式布局，突出庄严的氛围；商业区与文化娱乐区常相互毗邻，吸引人流，形成规模效应。

②明确的空间结构。中心区常见空间结构：轴线式、节点放射式、环形串联式。

③顺畅的交通组织：

a. 中心区交通组织形式：混合交通形式、平面分离交通形式、立体分离交通形式。

b. 中心区交通组织要点：根据地段规模和用地形态，设置不同功能和级别道路；避免人车相互干扰，强化人车分流的设计理念；中心区的步行道路可利用地面步行道或二层步行通廊等方式创造高品质的空间场所；步行出入口一般设置在城市主干道一侧，作为中心区的入口及形象门户；中心区的车流量大，需要有足够的停车场满足车辆停靠；停车场的布置应遵循就近、均等原则。

④适宜的出入口。各单位应有各自的机动车出入口，并设置于城市次干道或支路上；若同一栋建筑容纳不同功能时，应分别设置出入口来避免干扰。

⑤宜人的开放空间。中心区开放公共空间类型：公共绿地、水体、城市广场。

a. 中心区开放公共空间形态：团状开放空间、带状开放空间、环状开放空间。

b. 中心区开放空间设计要点：设计时应充分利用建设用地内外自然要素和人工要素，因借外部的山水建筑美景，利用基地内原有的河湖水面、绿化，营造有特色的景观，并结合步行系统及中心广场，形成宜人的开放空间。

（3）校园快题设计与表现

①合理的功能分区。

a. 校园的功能分区：办公区、教学科研区、生活区、运动区。

b. 功能区布置要点：办公区应安排在对外联系便捷、对内管理方便的地区，一般设在主入口附近；教学区为基本功能区，应处于核心区域，并布置在校园中安静部位，尽量避开噪声区；生活区应与教学区联系紧密，食堂应当位于宿舍区与教学区之间；运动区不宜与教学区过近,以免干扰教学,可考虑与城市道路毗邻,便于对外开放。

②明确的空间结构。"组团-轴线法"是校园规划中常见的一种空间结构处理手法,即由多个组团分担校园的不同功能,并通过轴线将各组团串联起来,组成功能完整、分区明确的校园整体。根据功能不同,校园组团常分为行政组团、教学组团、运动组团、生活组团、宿舍组团、教师公寓组团、生态景观组团等,不同组团依据动静隔离的原则分布在校园的不同区域,通过绿化、水系、道路将它们分隔开,再通过轴线串联各个组团。

③顺畅的交通组织。道路组织注意结构清晰、主次分明,可参考住区道路模式,分主要车行道、次要车行道、支路、主要步行道、步行支路、停车场等。校园车行交通规划,应优先选取环形路网连接主要功能分区,辅以支路到达各建筑,内部组织步行系统。校园出入口、主建筑群、体育馆、宿舍区附近宜设置机动车停车场;主要建筑区域附近集中设置自行车停车场。

④适应的出入口设置。校园主要出入口附近、校门内外应设置视野开阔的、较为宽敞的场地,便于上下课、上放学时的人流集散。

⑤合理并富有变化的建筑布局。

a. 校园建筑布局形式:行列式、围合式、混合式。

b. 校园主要建筑类型有教学、办公、生活及文体建筑4种。其中教学与宿舍对朝向和日照有严格要求,应满足其朝向及日照间距的要求;两排教室长边相对或教室长边与运动场相对布置,两者距离不应小于25 m。

⑥优美的景观组织。校园景观的组织体现在一定的空间序列中,入口广场、主要办公楼、教学区、中心广场、图书馆往往是该空间序列中的重要节点。

5)实验方法与步骤

(1)实验方法

理论讲授、考核测试与评图讲解相结合。

(2)实验步骤

①理论讲解。对居住区、城市中心区、校园等常见的规划快题类型的设计要点及表现技法进行理论讲解。

②考核测试。对学生进行相关快题设计练习的考核测试。

③评图讲解。对学生完成的快题设计作业进行集中讲评。

6)实验成果要求

每位学生需完成居住小区、商业中心区、大学校园区的6小时规划快题设计各一幅。规划成果包括:规划总平面图(1:2000或1:1000)、相关规划分析图(比例自定)、局部空间效果图或鸟瞰、简要规划设计说明、主要经济技术指标。

7)实验进度及课程计划(表17.3)

表17.3 本课程实验学时安排

序号	主要教学内容	学时
1	城市规划快题设计内容(成果构成、排版方式)	2
2	城市规划快题设计程序(时间要求及分配、审题分析、方案构思、方案表达)	4

续表

序号	主要教学内容	学时
3	居住小区快题设计原则与表现要点	2
4	第一次快题设计练习（居住小区快题设计）	8
5	评图	4
6	城市中心区快题设计原则及表现要点	2
7	第二次快题设计练习（商业中心快题设计）	8
8	评图	4
9	校园快题设计原则及表现要点	2
10	第三次快题设计练习（大学校园快题设计）	8
11	评图	4

8）实验注意事项

2003 年 12 月起实施的《城市规划制图标准》对城市规划的平面制图做了规定和说明，图纸表现中应参照"标准"的要求和方法执行。

9）实验评分标准

成绩 = 平时表现（30%）+ 快题设计内容（70%）

快题设计依方案的构思、表现将设计划分为优秀、良好、中等、及格、不及格 5 个等级。

第18章 村镇规划

18.1 课程实验概述

18.1.1 本课程实验的基础知识

本课程实验要求掌握的基础知识主要有"建筑设计""城乡规划原理"等方面的知识。

18.1.2 实践教学的目的

村镇规划课程实验的目的是让学生更好地理解乡村规划理论知识,了解国家及省(地方)有关法规、政策及技术规范,初步掌握从事乡村规划中资料收集、分析,技术经济指导计算及规划设计等实践能力,为学生今后毕业从事乡村规划建设管理工作打下良好基础。

18.1.3 实践教学的基本要求

本实验以某乡村规划为例进行规划编制,采用真题假做的方式进行规划编制,实验学时8个,由每位学生单独完成。

18.1.4 实验方法

本实验采取资料收集、分析研究、规划设计、成果整理等步骤进行实验教学。由于实验学时数较少,因此不足的时间需要课外时间进行补充。另外,资料收集主要采用相关文献收集和网络收集的方式。

18.1.5 本课程实验教学项目与要求

本课程实验教学项目与要求见表18.1。

表 18.1 村镇规划课程实验教学项目与要求

序号	实验项目名称	学时	实验类别	实验要求	实验类型	每组人数	主要设备名称	目的和要求
1	乡村规划	8	专业基础	必修	综合	1	计算机	了解场地调研的重要性、基本内容和要点,增加学生对场地的感性认识,培养综合分析问题、解决问题的能力和严谨的工作作风

18.1.6 考核与成绩评定

本实验的考核方式为考查,即以调研报告和场地设计作为考核内容。成绩评定由平时成绩、报告成绩与设计成绩组成。其中平时成绩占30%,报告成绩占30%,设计成绩占

40%。最终的实验成绩以 20% 的占比计入课程成绩。

18.2　基本实验指导(龙勾乡总体规划任务书)

18.2.1　规划区简介

龙勾乡位于崇义县东部,扬眉江下游两岸,东南毗邻南康市,北与上犹县交界。距县城 42 km,距京九铁路南康站 35 km。总面积 66.2 km²,辖 8 个行政村,116 个村民小组。截至 2012 年年底,辖区总人口 14 710 人。乡人民政府驻龙勾村。

龙勾乡属红壤丘陵地貌,缓坡丘陵地较多,地形南北面窄,地势由西向东倾斜。扬眉江横贯全境,流程约 10 km;境内平均海拔 160 m,最低点是兰坝,海拔 135 m,为全县最低点。有耕地面积 8 742 亩,林地面积 6.5 万亩。以种植脐橙、水稻、西瓜为主,兼种花生、豆类和薯类。脐橙是龙勾的主要产业,2012 年年末,脐橙种植面积 2.61 万亩,产量超亿斤,产值超亿元,是赣州有名的脐橙之乡。西瓜是龙勾的特色产业,2012 年种植面积达 2 000 亩,实现产值 1 200 万元。目前龙勾有宝龙果业、亿诚果业、九龙果业、龙润果业等大型脐橙加工企业,有龙鑫、绿源、纳福龙、禾丰、天子地等 33 家脐橙专业合作社和 1 家脐橙合作社联合会,有效延长了产业链,实现了"一乡一业"目标。

由于原乡政府所在地(旧区)建设用地不足,导致学校、医院及商业设施等难于扩展,因此,将开始新区规划建设。新区位于旧区东侧,面积约 0.6 km²(如图所示),现有人口 260 人,地势较为平坦。

18.2.2　规划任务要求

1)总体要求

①以科学发展观为指导,以城乡经济社会发展一体化和构建社会主义和谐社会为基本目标,坚持统筹安排和土地集约利用的原则,保护生态环境,保护人文资源,尊重历史文化,坚持因地制宜确定发展目标与战略,促进龙勾乡全面协调和可持续发展。

②结合新农村建设和新型城镇化发展态势,重点研究新情况、新特征、新问题,提高规划的可操作性和实施性。

2)具体要求

①规划期限:2016—2030 年;

②建设用地规模:0.5 km²;

③规划人口:3 500 ~ 4 000 人;

④功能定位:龙沟乡教育、商业、文化、居住中心。

3)规划设计原则

①与上一级规划相衔接协调的城乡一体化原则;

②土地及其他资源的集约和永续利用,保护自然与历史文化的原则;

③因地制宜、分类指导、突出地方特色的原则;

④以人为本、尊重农民意愿的原则;

⑤统一规划,讲究实效、突出重点,分步实施的原则。

18.2.3　规划内容

①提出新区规划范围、用地规模和建设用地控制范围。

②分析新区职能,提出发展目标。

③确定建设用地的空间布局,并提出土地使用强度管制区划和相应的控制指标(建筑密度、建筑高度、容积率、人口容量等)。

④确定主要对外交通设施、主要道路交通设施布局和内部道路系统规划,明确道路走向和红线宽度。

⑤确定公共服务设施布局,特别要保证公益性公共设施布局。

⑥确定绿地系统的发展目标及总体布局,划定各种功能绿地的保护范围(绿线),划定河湖水系的保护范围(蓝线)。

⑦确定历史文化保护及地方传统特色保护的内容和要求,划定历史建筑保护范围(紫线),研究确定特色风貌保护重点区域及保护措施。

⑧研究镇区住房需求,建设标准和居住用地布局,重点确定动迁房,满足中低收入人群住房需求的居住用地布局及标准。

⑨确定规划区内生态环境保护和优化目标,提出污染控制措施与治理措施。

⑩确定市政设施布局、管线走向,强调综合协调原则,注意近期建设阶段的实用性和远期发展的前瞻性。

⑪建立环境卫生系统和综合防灾减灾防疫系统。提出防洪、消防、人防、抗震、地质灾害防护等规划原则和建设方针。

⑫确定空间发展时序,提出规划实施步骤,措施和政策建议。

⑬确定控制和引导镇区近期建设的原则和措施,提出强制性规定内容。

18.2.4　成果要求

①规划设计成果的内容必须符合规划设计任务书有关要求和国家(省、市)有关标准。

②规划设计成果包括说明书、设计图纸、基础资料汇编等,并以 A4 规格装订成册。

③设计说明书、设计图纸等成果内容必须清晰完整,文本中应明确强制性内容。同类图纸规格应统一。设计说明书应准确、完整地阐述设计意图和内容。

④设计图纸包括新区现状图、总体规划图、近期建设规划图、道路系统规划图、绿化系统规划图、专项规划图等。

18.2.5　进度要求

本课程实验学时为 8 个学时(见表 18.2)。课时数较少,因此需要课外时间进行。

表 18.2　本课程实验学时安排

阶段划分	教学内容	学时	备注
第一阶段	任务布置、确定要求	2	
第二阶段	明确任务、资料收集、分析研究		以课外时间为主
第三阶段	方案设计、课堂指导、中期检查	4	
第四阶段	成果讲评、整理、打印上交	2	课外时间补充

第3篇
课程设计

第 19 章　修建性详细规划课程设计

19.1　课程设计概述

19.1.1　教学目的与要求

修建性详细规划课程设计是学生在经过修建性详细规划课程理论学习和课程实验之后,所需要完成的综合性项目设计实践教学环节。目的是使学生运用所学的基本理论和基本方法,科学、合理地处理修建性详细规划中的实践问题,一方面巩固学生的基本概念、原理、内容和规划设计的基本方法等知识;另一方面,培养学生运用相关法规规范、资料收集处理、现场调查、方案设计、书面图文表达以及协作沟通交流等能力。

该课程设计要求学生掌握修建性详细规划的基本概念、基本原理、基本内容、规划设计的基本方法和成果要求,尤其是规划的编制内容与规划中的开发控制原理,能够编制规划文本,能够描述修建性详细规划发展的历程、阶段特征和代表性案例;理解政府、市场和社会利益多元化,城市用地和空间管制的复杂性;了解现行相关法规和标准的使用方法,以及相关的前沿理论和实践活动。

19.1.2　课程设计选题与要求

修建性详细规划是以城市总体规划、分区规划或控制性详细规划为依据,制订用以指导各项建筑和工程设施的设计和施工的规划设计,是城市详细规划的一种。为了能在有限的时间范围内,更有利于培养有实践能力和创新能力的专业人才,课程设计的选题本着科学性、拓展性、可行性和理论联系实际的原则,选择某居住区规划和某商务地段修建性详细规划作为课程设计(见表 19.1,同学们可二选一),用地规模控制在 5 ~ 20 公顷。

表 19.1　课程设计选题

序号	项目名称	实验类型	课程设计时间	基本要求
1	某居住区修建性详细规划	综合型	1 周	了解居住区修建性详细规划的项目组织,熟悉规划设计的内容,掌握居住区社会调查的方法及规划设计的编制方法,掌握成果表达方式
2	某商务地段修建性详细规划	综合型	1 周	了解城市商务地段修建性详细规划的要点,掌握其规划设计的内容、编制方法及成果表达方式

19.2　课程设计选题

课程设计一　某居住区规划

1）目的

①掌握居住区规划设计的基本原则、方法步骤、相关规范与技术要求；培养调查分析和综合思考问题的能力。

②掌握居住环境规划设计构思和建筑群体空间的设计的一般内容和表达方法；综合提高对建筑群体及外部空间环境的功能、造型、技术经济评价等方面的分析、设计构思及设计意图表达能力和专业素质。

③以市场化及功能化为导向，掌握住宅建筑设计的原理和一般方法。

④树立人居环境建设的整体观念，加强人、建筑、环境和谐统一的设计理念。

2）居住区用地概况

某南方城市（气候参照赣州市）夏季主导风向为东南风，冬季为西北风。拟建一安置小区。规划基地位于湖边大道与东江源大道交叉口处，规划用地面积 11.41 公顷，基地现状主要为农田与水塘，土地平整，适宜建设。规划范围、道路红线、建筑退线等如图 9.1 所示。

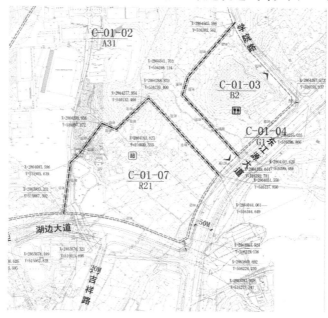

图 19.1　规划底图

3）设计条件和控制指标（表 19.2）

表 19.2　规划设计条件和指标一览表

序号	指标名称	指标数	备注
1	用地面积	11.41 公顷	
2	容积率	不大于 2.8	

续表

序号	指标名称	指标数	备注
3	建筑密度	不大于 30%	
4	绿地率	不小于 30%	
5	建筑限高	60 m	
6	停车位	1 个/户,地面停车不得大于 10%	
7	建筑后退	建筑退让滨河东路≥20 m,退南解放东路红线≥20 m,退东侧、北侧道路≥15 m	

4)项目定位与总体布局要求

本居住区为中高档居住区,需满足业主的居住需求,提供给业主一个安静的家与一个温馨和谐的社区环境。

在总体布局方面,场地内规划商业、幼儿园、社区服务中心等配套设施;商业宜沿街布置。规划结构应能较好地配合分期开发的思路及步骤,不少于两期开发的组团设计策略。场地内应考虑无障碍设计。

5)户型要求

①鼓励多种户型设计,包含花园洋房、多层与电梯高层。

②不同面积户型比例见表 19.3。

表 19.3 户型比例一览表

序号	面积/m²	比例/%	备注
1	≤90	15	
2	90～120	55	
3	120～144	15	
4	≥144	15	

6)设计内容要求

(1)基地分析与规划要求

①熟悉规划任务,明确设计重点、要点。

②学习基地分析的方法与内容,了解规划地段的环境特点,基础设施配备情况;分析小区用地与周围地区的关系,交通联系及基地现状的处理。

③参观调研已建成居住区,搜集、查阅参考文献。通过集体讨论分析,训练书面与口头表达与评述能力以及提高资料利用的能力。

(2)居住区总体布置

①掌握居住区布局的各种手法,通过综合分析构思居住区总体布局结构与空间组织形式。

②分析居民活动特点,掌握小型室外活动场地设计的方法,进行绿化系统规划设计及其他室外活动场地规划布置,包括居住区中心绿地和住宅组群环境设计,如儿童游戏场地、成年人游憩场地等。

③掌握各种住宅布局手法,用于组织居住区空间。

(3)交通组织

了解居住区交通组织的原则与方法,掌握居住区规划手法;分析并提出居住区内部居民的交通出行方式;进行道路系统规划。

(4)住宅选型与公建项目选择与设计

①根据规划要求和当地条件,设计或查找适宜的住宅单元类型;探索适用、合理、创新的住宅设计途径。(根据基地实际情况确定适宜的住宅类型)

②住宅设计要求有合理的功能、良好的朝向、适宜的自然采光和通风等。

③选择公建项目并概算其用地面积与建筑面积。

④确定居住区公共建筑的内容、规模和布置方式等,表达其平面组合体形和空间。

(5)绘制图纸、编制说明书

①熟悉居住区规划说明书的基本内容,编制居住区规划说明书。

②熟悉技术经济指标的计算及用地平衡表的编制,进行技术经济评价分析。

③掌握城市规划图纸的绘制及规划方案表达的基本方法。

7)成果要求

(1)图纸内容

①规划地段位置图。标明规划地段在城市的位置以及周围地区的关系。

②规划地段现状图。图纸比例为1:500~1:2000,标明自然地形地貌、道路、绿化、工程管线及各类用地和建筑的范围、性质、层数、质量等。

③规划总平面图。比例尺同上,图上应标明规划建筑、绿地、道路、广场、停车场、河湖水面的位置和范围。

④道路交通规划图。比例尺同上,图上应标明道路的红线位置、横断面,道路交叉点坐标、标高、停车场用地界线。

⑤竖向规划图。比例尺同上,图上标明道路交叉点、变坡点控制高程,室外地坪规划标高。

⑥单项或综合工程管网规划图。比例尺同上,图上应标明各类市政公用设施管线的平面位置、管径、主要控制点标高,以及有关设施和构筑物位置。

⑦表达规划设计意图的模型或鸟瞰图。

(2)文字

①居住区调研报告。提交一份关于居住区规划设计的现状调研报告(具本要求详见附件)。

②居住区规划设计说明。居住区规划设计说明书的内容应包括现状条件分析,规划原则和总体构思,用地布局,空间组织和景观特色要求,道路和绿地系统规划,各项专业工程规划及管网综合,竖向规划,主要技术经济指标(包括总用地面积、总建筑面积、住宅建筑总面

积、平均层数、容积率、建筑密度、住宅建筑容积率、建筑密度、绿地率等)以及工程量及投资估算 。

8)进度安排

本课程设计总时间安排为 1 周(5 个工作日),其进度如表 19.4 所示。

表 19.4　课程设计进度安排表

时间安排 （工作日）	工作内容
（不占工作日）	基础调研和专项研究： ①熟悉设计任务书,了解相应的技术规范； ②收集整理国内外近期优秀集合住宅小区实例,进行方案评价和比选； ③参观赣州市内住宅小区； ④每组完成一份调研报告,以 PPT 的形式做公开汇报
1	住宅组团设计场地分析； 熟悉任务书要求,分析基地区位、周边环境及地形地貌
2	方案一草 提出总体设计构想,完成基地结构及路网规划； 完成住宅选型,包括基本平面、体量
1	方案二草 考虑绿化系统、公共中心及公建布设； 住宅群体规划布置,并初步确定它们的空间关系,方案基本定稿
1	快速设计、成果图绘； 完成总平面设计,深入进行各级道路与场地、住宅建筑群布置、公建、绿地、景观的设计,绘制成果图

课程设计二　某商务区修建性详细规划

1)教学目的

通过对商务区地段的规划设计,逐步认识城市功能和城市形象,掌握公共建筑的群体组合、公共开敞空间组织、道路网布置及绿化景观的设计要求,掌握城市中心区设计方法,明确各项技术经济指标,提高设计方案表达能力。

2)规划用地条件

基地位于赣州中心城区西边,学院路与东江源大道交叉口处,总用地面积为 6.71 公顷,用地功能为商务用地。地场起伏较大,基地地形图如图 19.2 所示。

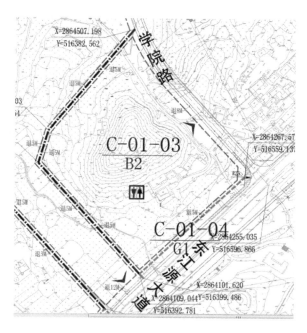

图 19.2　规划设计底图

3）规划设计条件与控制指标

（1）规划建设用地概况（表 19.5）

表 19.5　规划建设用地平衡表

用地名称	数量/公顷	比例/%	备注
商业金融用地	1.74	25.9	
文化娱乐用地	1.3	19.1	
广场用地	0.67	10.0	
公共绿地	2.0	30.0	
道路用地	1.0	15.0	
规划总用地	6.71	100	

（2）主要控制指标（表 19.6）

表 19.6　主要技术经济指标一览表

项目	数值	备注
规划总用地/公顷	6.71	
建筑密度/%	不大于 40.0	
容积率	不大于 3.0	
绿地率/%	不小于 20.0	

各类用地需按其使用性质和开发强度设置足够的停车位和公共停车场（库）。公共停车

场在各类公建附近的停车位规划值参照有关城市规划管理技术规定中有关规定取值（表19.7）。

表 19.7 停车场配置一览表

用地性质	用地性质	机动车位数/100 m² 营业面积	非机动车位数/100 m² 营业面积
商业	高档商场	0.5	5
	普通商场	0.4	7.5
办公	高档商办	0.7 ~ 0.8	2.0
	一般商办	0.3 ~ 0.4	4 ~ 6
	机关商办	0.6 ~ 0.8	4 ~ 6
其他	服务	1	50

①建筑与空间有机组合,创造宜人的公共空间环境,体现城市中心区风貌。

②南北建筑间距不少于 $1.5h$, h 为南面楼之高度。

③建筑后退,主干道红线不少于 8 m,次干道及支路红线不少于 6 m。

④主要经济指标中容积率应小于 1.5,绿地率应大于 30%。

（3）图纸成果要求

①总平面图（1:1000）。

②重要区域详细平面图。

③沿街立面图 1 ~ 2 幅,比例自定。

④整体鸟瞰图 1 幅,彩色效果图。

⑤规划分析图、道路交通、功能结构、绿化景观等为必须,其他自定。

⑥主要的经济技术指标及设计说明。

⑦所有图纸均为标准 A1（594 mm × 841 mm）。

4）设计进度

本课程设计时间安排为 1 周（5 个工作日）,其设计进度见表 19.8。

表 19.8 设计进度安排表

时间安排 （工作日）	工作内容
（不占工作日）	现状调研: 　①熟悉设计任务书,了解相应的技术规范; 　②收集整理国内外近期优秀集合中心城区规划设计实例,进行方案评价和比选; 　③参观赣州市新城商业中心区; 　④每组完成一份调研报告,以 PPT 的形式作公开汇报

续表

时间安排 （工作日）	工作内容
1	一草方案设计阶段： 　分析现状条件，根据设计要求进行方案构思，确定各类用地内的具体内容及景观、绿化、道路等的布局特点和组织结构
2	二草方案设计阶段： 　在一草基础上进行建筑选型、功能组织，并进一步完善方案，确定方案平面
1	三草方案设计阶段： 　完成各类分析图、鸟瞰图、重要区域详细平面图的绘制和主要经济指标的计算，并撰写设计说明
1	完成图纸绘制，提交最终成果

5）设计的步骤与方法

课程设计的步骤大致可以分为任务解读、资料收集与分析、规划设计和成果表达等几个阶段。

（1）任务解读

本课程设计应从规划设计任务解放开始，就是对教师下达的课程设计任务进行了解和分析，明确规划设计的目的、总体定位、内容、技术经济指标和各方面要求等，一定要多看几遍，充分理解，"吃透"设计任务书最基本的"精髓"。通过任务书解读，以明确课程设计成果和深度的要求，组织安排设计进度，以便为自己制订好计划方案书打下良好基础。

（2）资料收集与分析

科学、合理的规划设计必须有准确、翔实、丰富的文献资料和现场资料为保障。所需收集的资料包括相关技术规范与上位规划，相关案例与研究成果，选题现场的自然、社会、经济、历史文化、基本建设、景观风貌等。收集资料后，就必须立即进行整理，归纳与分析。主要分析要点包括：一是选题的国内外规划设计的现状及趋势对自己有什么启示；二是国家技术规范的要求及上层次规划和相邻地区规划要求；三是所要解决的关键性问题；四是地域文化特色的传承与发扬。

（3）规划设计

①设计原则：

a.与上一级规划相衔接协调的原则；

b.土地及其他资源的集约和永续利用，保护自然与历史文化遗产的原则；

c.因地制宜、突出地方特色的原则；

d.整体优化原则，考虑整体环境效益、经济效益、社会效益的统一；

e.以人为本、尊重公众意愿的原则；

f.统筹规划，讲究实效、突出重点。

②设计要点：

a. 结构控制。土地利用布局是依据技术经常指标将场地上的建设内容、位置、面积、边界范围、开发强度等做出具体的布置。要先确定地块所在的地理位置，确定气候分区、城市大小、区块周边城市规划，根据规划设计条件确定地块设计的各项控制指标，融合到有形的规划构图中去。构思出结构分析和总平面布置。

b. 用地布局与道路交通设计。建设内容与开发强度分解，确定拟建小区主路口、道路走向，将结构分析落实。逐步明确总图中的入口、广场、道路、湖面、绿地、各类建筑、建筑小品、管理用房等各元素的具体位置。

c. 城市设计与空间控制。依据空间艺术处理和美学原则，遵从包括消防、抗震、卫生防疫、安全防护及其他专业的规定，将空间形态、建筑风貌的要求以指标的形式确定下来，布置好公共服务设施规划及景观中心和节点、轴线布置，并控制各建筑高度、建筑间距、建筑后退、沿路建筑高度、竖向及工程管线和建筑保护及相邻地段的建筑规定等。

d. 技术经济指标的落实。包括确定小区的建设规模，主要建筑类型，可建面积，户型要求，户型配比；选定户型、单体平面布置、计算单体面积；单体布置，通风、日照分析及调整：单体位置调整、单体高度调整；各项指标计算及调整。

e. 中期检查与反馈。首次出的成果只是一个初步的规划轮廓，还不是一个完全成熟的方案，还必须经历中期检查、修改与反馈。学生们应在教师的指导下，通过初步成果汇报、检查、交流等，听取各方面的建议。针对反馈信息，同学要在短时间内对方案进行调整、修改和补充，甚至还要再次踏勘。

（4）成果表达

成果表达就是同学将修改完善后的规划设计方案中的图纸、文本、说明书、基础资料汇编材料，依据《城市规划编制办法》和任务书的要求，以正稿（纸质和电子）的方式，呈现出来。

6）成绩评定

（1）评分要点

①对基地现状条件的解读与分析；

②充分考虑组团结构，包括住宅群体组、道路系统、绿化场地、公建配套等的合理性；

③对主要技术要求的把握，不违背国家、江西省及赣州市对居住区设计的有关技术标准；

④空间美学与环境美学要求；

⑤设计理念及创新性。

（2）评分标准

①各阶段图纸评分分值占总成绩百分比（表19.9）。

表19.9　评分分值及比例

阶段	占总成绩百分比/%
调研报告	20
第一次草图	10

续表

阶段	占总成绩百分比/%
第二次草图	10
正式图	50
(学习态度、出勤情况等)	10
合计	100

②正图评分标准(表 19.10)。

表 19.10　正图评分标准

内容	比例	评分标准		
总平面	50%	欠完整,有待补充完整	尚可	表达完整,功能合理,有特色
		≤35%	40%	45%
鸟瞰图	20%	不够完整,未表达主要内容	一般	清晰完整,空间变化有序,主体突出
		≤8%	13%	≥17%
分析图	10%	欠妥当,表达不够,图式混乱	尚可	明确,清晰,合理,有序
		≤6%	8%	≥9%
建筑设计	10%	欠妥当,有待修改	尚可	功能使用合理,有特色
		≤6%	8%	≥9%
技术指标	10%	欠妥当,需补充修改	尚可	完整,合理
		≤6%	8%	≥9%

备注:所有图纸须按规定时间交齐。

附件:

调研报告任务书

一、教学目的

通过居住小区的规划设计实例调研,了解居住区修建性详细规划的编制过程和内容,熟悉居住区的规划设计的基本手法,巩固和加深对居住区规划设计原理以及对城市居住规划设计规范的学习。做到理论联系实际,培养学生调查研究与分析问题的综合能力。使学生重视掌握第一手资料,以及具有发现问题、分析问题和解决问题的基本能力,并为下阶段的居住区规划设计打下基础。

二、调研报告内容

选择赣州市某建成小康型居住小区进行调查,通过绘图、照片及文字对规划设计方案进行分析说明。

①从城市总体布局着眼,分析本小区同周围环境之间的联系,对规划小区地段的外部环境有合理认识,认真收集和分析相关背景资料,分析规划小区与周边环境的关系,并绘出区

位分析图。

②调查小区居民的户外活动的行为规律及小区人口规模,了解居住小区规划设计中对各项功能及组团外部空间的组织关系。分析小区规划结构、用地分配、服务设施配套及交通组织方式,绘制居住小区规划结构图。

③对居住小区及小区道路交通系统规划进行调查。小区道路系统规划结构、道路断面形式、小汽车停车场和自行车停车场规模、布置形式。分析小区道路系统规划是否有利于居住小区内各类用地的划分和有机联系以及建筑物布置的多样化。评价小区道路系统的安全性、经济性和便捷度。

④调查居住小区的住宅类型及住宅组群布局。小区住宅设计是否具有合理的功能、良好的朝向、适宜的自然采光和通风,如何考虑住宅节能;住宅组群布局如何综合考虑用地条件、间距、绿地、层数与密度、空间环境的创造等因素,营造富有特色的居住空间。

⑤调查居住小区公共建筑的内容、规模和规划布置方式。公共建筑的配套是否结合当地居民生活水平和文化生活特征,并方便经营、使用和社区服务;公共活动空间的环境设计有什么特色。

⑥调查居住小区绿地系统、景观系统规划设计。进行环境小品设计,创造适用、方便、安全、舒适且具有多样化的居住环境。公共绿地及其他休闲活动地的布置,包括居住小区的中心绿地和住宅组群中的绿化用地,以及相应的环境设计。

⑦充分考虑赣州的城市性质、气候、生活方式、传统文化等地方特点及规划用地周围的环境条件。规划方案在满足相关技术要求的前提下,力求创新。做到技术合理,因地制宜规划设计居住区的住宅组群,公共设施道路交通系统,市政基础设施和绿化环境,以及和谐的居住环境,突出"人、环境与城市"协调发展的规划设计主题。

⑧为老年人、残疾人的生活和社会活动创造条件。

三、成果要求

(1)居住区调查报告可独立、也可合作完成,但总人数不得超过2人。

(2)成果格式应规范化,每组完成PPT汇报文件一份及书面报告一份。报告文字总数控制在4 000字左右(含分析图表),A4版面装订,另交电子文件。

(3)成果应达到以下3方面的基本要求:

①资料调查。应注意选择地区或样本的典型性、现状调查的深度、基础数据情况、问卷设计、参考资料的应用等。

②分析研究。应对调查的资料进行分析、对比和综合,注意文体、段落格局,图文说明对应,文字精练等。

③科学结论。能否在分析的基础上得出正确、清晰的结论。

(4)社会调查研究的基本程序:

①确定调查研究的目的。目的可分为应用性、理论性和综合性三种,依据研究目标的不同可有5种不同类型的调查研究:描述性、解释性、预测性、评价性和对策性研究。

②研究前的准备。准备包括理论和实际两方面。理论准备主要为查阅文献资料,实际准备为对实际情况的了解。

③设计研究方案,包括提出研究假设、理论解释、拟定调查提纲、设计调查表(问卷)、决定研究的方式方法、制订研究的组织计划、试验研究。

④资料的收集与分析,包括资料的收集、资料的整理、资料的分析和检验假设等阶段。

⑤撰写研究报告。

(5)调查报告的结构形式。调查报告一般采取三段式结构,分绪论、本论和结论 3 部分。在正文后还可有附录部分,提供重要的研究资料、统计数据和参考文献目录等。

①绪论部分为点题和研究方法的介绍,包括研究主题和目的、研究的理论和实践意义;研究对象的性质和选择方法、选择理由,介绍主要问题和资料的有效性、准确性、完整性。

②本论部分是对成果的全面阐述,包括两种叙述方法:一是提出论题,列举材料,归纳提出论点;二是提出论题,交代论点,列举材料说明。

③结论部分一般为归纳分论点,阐明总论点的部分,在应用研究中还应包括提出对策、建议等。

(6)收集资料的方法。收集资料的方法主要有访谈法、问卷法、观测法、文件法第几种。

(7)社会调查方法。根据被研究对象所包括的范围、特点的不同,社会调查可分为全面调查、抽样调查典型调查和案例调查等。

第20章 城乡社会综合调查

20.1 课程实验概述

20.1.1 本课程实验的目的与要求

城乡社会综合调查是根据城乡规划的基本任务和内容要求而展开的有目的有意识地对城乡各社会要素、社会现象和社会问题,进行考察、了解、分析和研究,以认识城乡社会系统、社会现象和社会问题的本质以及发展规律,从而找到城乡建设发展中要解决的矛盾和问题。因此,掌握城乡社会综合调查方法是城乡规划专业的必需技能。

城乡社会综合调查将通过对一些特定的城乡社会问题展开调查与讨论,帮助学生了解社会调查的基本方法与技术,培养学生发现问题、分析问题、解决问题的能力,学会全面认识城乡空间与社会、文化、制度等关系。

20.1.2 本课程实验的基础知识

本课程实验要求掌握的基础知识主要有"城乡规划原理""城市地理学""城市社会学"和"城市经济学"等方面的知识。

20.1.3 本课程实验教学项目与要求

本课程实验教学项目与要求见表20.1。

表20.1 城乡社会综合调查课程实验教学项目与要求

序号	实验项目名称	学时	实验类别	实验要求	实验类型	每组人数	主要设备名称	目的和要求
1	城乡社会问题调查	24	专业基础	必修	综合	3~4	计算机	在学生掌握社会调查的基本程序和方法的基础上,在实际中运用这些知识开展社会调查,了解、分析和研究社会现实问题。实验课之前,要求学生理解教师理论课所讲内容,并预习实验课内容。实验过程中,要求学生独立、准确验证所学理论知识、方法和技巧,完成教师布置的实验作业。实验完成后,要求学生总结实验过程中的不足之处,并在业余时间补充完善

20.2　基本实验指导

20.2.1　综合调查的选题

综合调查可围绕城乡规划与城市建设的各相关方面进行,用调查研究的各种方法(如访谈、问卷、案例分析等形式)发现问题,并结合社会发展要求因地制宜地提供解决问题的研究报告。

综合调查的选题如下:

①城市大拆迁及其带来的问题调查与研究;

②失地农民或城镇拆迁户生存状况调查;

③当代中国农村家庭结构与功能变迁调查;

④城乡贫富差距的调查;

⑤某地地域优势与投资环境问题的调研;

⑥你家所在村(或社区)人口老龄化及养老方式情况调研。

20.2.2　调查步骤

1)实习方法及步骤

首先让学生通过网络、书籍等渠道,查阅相关资料和文献,撰写城市发展历史、城市功能定位、城市空间结构等研究报告,由实习老师组织报告评审,以此使学生对实习城市有较为全面和深入的认识。其次由老师亲自带领学生到实习城市实地查看、调查,实习老师现场解答学生疑问,并及时对学生实习质量进行评分;实习归校后,指导学生根据要求撰写实习报告,并要求学生针对特定问题,撰写解决问题的思路,绘制相关规划图件等。

分析方法:统计分析方法、图表分析法等。

使用软件:Office 办公软件、AutoCAD 或者 GIS 空间分析软件等。

2)步骤

第一阶段:寻找问题,设计问卷,试调研(可利用网络,如校内网的投票功能)。

(带地图、相机、伞、踩点表)

第二阶段:带着问题进行问卷调研,同时进行空间注记。

(带工作底图、四色笔、硬板、相机、伞)

第三阶段:带着思考补充调研或访谈。

20.2.3　调查方法

①现场勘查或者调查观察:不同时间段、多频次观察、记录。

②文献资料:前人对你所调研的对象是怎样看待的,怎样给予解释的? 其他城市是如何处理这些问题的? 以前的规划是怎样处理这些问题的?

③抽样调查或者问卷调查。问卷应包括调查的目的、答题说明、受访者背景资料、问题和选项、致谢等内容。

注意要点:

a.问卷编写前先有初步思路,弄清问题之间的关系。

b.问卷内容少而精,抓住关键问题。

c. 避免引导性的问题(调查者预设立场)。

d. 保证问卷的有效性(发放的方式、数量、人群的覆盖面——年龄、性别、职业、来源地、调研的时间段)。

④访谈或座谈会调查。问卷是标准式的问题,而访谈能够获得扩散式思维,可以就相关问题深入了解,获取更多的信息。引导性的"采访"和自由式的"漫谈"。

20.2.4 社会调查的成果要求

①图文并茂,书写规范,体现调查方法的运用。

②报告内容真实可信,观点明确,必须由调查者亲自参与完成。

③最终成果分组完成,提交综合报告格式为 PPT 电子稿,页面设置与版面设计风格自定。要求插图为 JPG 格式,分辨率不小于 300 pdi。

确定某个城市或乡村现象及问题作为调查对象,制订调查计划、明确调查内容和实施方式。

调查报告的撰写格式:

①标题:主标题能以简短文字突出表达主题,类似广告标语能一下抓住读者的眼球。副标题写明调查对象的名称及内容。如"让女性大于半边天——广州北京路步行街厕所男女蹲位数量及比例调查""老外来淘金——广州市淘金路洋餐饮店现状调查"。

②摘要和关键字(300 字以内):此部分需概要说明社会调研的对象、内容和意义,关键字能反映研究主题的主要概念。

③主体(6 000 字以内):调查报告的核心部分,也称正文。

a. 情况部分:介绍调查所得到的基本情况,应注重具体事实、统计数据,文字应简明、准确,条理分明,也可兼用数字、表格、图示说明。

b. 分析部分:重点分析所调查对象的背景、成因,抓住问题的实质、规律,揭示出其重要意义或危害性,能引起读者的关注。

c. 建议部分:在有力的分析下,根据实际情况,提出解决问题的建议,为有关部门恰当处理提供参考。

(引文需要注明来源,图表需要注明标题)

④结语:总结全文、深化主题、警策世人,也可在建议部分结束。

20.2.5 实验注意事项

调查资料搜集阶段要求灵活运用实地观察、访问调查、问卷调查等方法,调查资料的整理和分析工作在专业教室进行,教师进行分组辅导。组织组内讨论,有针对性地针对资料整理和分析过程中的相关问题进行解答,对调查不完整的地方要求小组进行补充调查。成果绘制工作以小组合作完成的形式展开,最终成果要求提交 A1 图纸,张数及表达方式不限。作业内容包括各个系统现状调查的目的、调查的主要方法和过程、调查获得的主要资料、调查资料的整理和分析结果、通过调查发现的问题及相关结论等,要求图表、图片及文字相结合,表达方式不限。在实践教学环节中强调团队协作,通过制定小组内合理的调查工作框架,保证小组成员相对均衡的工作量,通过有效的小组讨论,让每个成员除完成个人工作外,还能学习到其他小组成员完成成果的相关知识,通过要求以小组为总值完成教学实践,真正理解城市规划专业工作中团队协作的重要性。

20.2.6　实验评分标准

成绩 = 平时表现(30%) + 实验报告(70%)

操作作业依操作的熟练程度划分为优秀、良好、中等、及格、不及格 5 个等级。

第21章　城乡总体规划课程设计

21.1　目的与要求

21.1.1　目的

城乡总体规划课程设计是继《城市规划原理》《城乡总体规划》等课程学习后规划设计教学实践的重要环节。其实践教学目的是要求学生掌握总体规划的基本任务及规划方法，提高对实际问题综合分析能力，加深对城市规划理论及工作的理解。掌握城镇规划和建设中各种专业问题的基本处理方法。同时提高运用计算机进行图纸制作和编制规划文本的能力。

21.1.2　要求

①了解并实际学习城市总体规划调查研究和资料收集的途径与方法。

②加深对总体规划相关规范、指标的了解和掌握。

③树立从区域、整体、综合、系统的角度观察、认识和分析特定城市发展重大问题的战略观念。

④深入了解和进一步掌握城市总体规划相关的理论知识。

⑤熟悉城市总体规划编制基本程序和方法。

⑥培养运用所学知识解决实际问题的能力，清晰表述总体规划构思和方案内容的能力，沟通和协调能力，图件制作和规划文本编写能力。

21.2　课程设计的选题

城乡总体规划课程设计的目的是让学生熟悉城乡总体规划设计的步骤与内容，掌握城乡总体规划的基本方法。因此，一方面题目的选择要体现城乡总体规划任务的政策法规性和内容的全面性；另一方面，也要使学生可在规定的教学课时内完成作业，实现教学要求。一般来讲，总体规划的规模不宜过大，城乡各组成要素齐全，学生较容易认识，调查也比较方便，易于达到训练效果。所以，在城乡规划专业本科生的课程设计中，可以将学校周边小城市、建制镇或乡的总体规划任务作为首，以便进行现场调查和资料收集。

作为实践教学，题目最好是以真实的乡镇总体规划为例进行实地教学。但由于多方主客观原因，真题选取有一定的难度，更多的是虚拟的工程项目，即让学生"假题真做"或"真题假做"，通过模拟实际工程项目的各个阶段，促进教学进程。

21.3　基本内容和要求

本课程确定研究对象一般是 5 万人以下的小城市、建制镇或乡，依据国家城市规划编制办法进行编制。教学分 5 项内容进行(表 21.1)。

表 21.1　实践内容及要求

实践单元	实践内容	基本要求
基础资料收集	组织学生到现场,通过实地踏勘、发放表格、查阅资料、问卷调查、走访等形式进行现状资料收集,调查分用地调查和专项调查两部分	了解
基础资料整理、分析、研究	要求学生对所收集的资料进行汇总整理,对一些专题进行分析研究,可运用计算机进行辅助处理,写出调查报告和图表成果	掌握
编制总体规划	在现场调查后期,学生分组做规划方案。在多方案比较后,做一个综合方案。然后对综合方案深化,最后编制正式成果	熟悉
编制专项规划	在确定综合方案后,对给水、排水、电力、电讯、环境保护、防洪防灾等专项进行编制	了解
编写总体规划说明书、文本	要求每个学生编写一个或几个章节初稿	掌握

21.4　城乡总体规划的教学组织

①城乡总体规划教学组织,由 2～3 名专业老师组成城乡总体规划课程设计指导小组,学生每 4～6 人分成一个课程设计小组。

②根据选题的地点和需要,安排 1～2 天的现场调查和资料收集。

③利用计算机建立人口模型及 CAD 辅助设计。

21.5　赣县五云镇总体规划编制

21.5.1　镇域现状及规划要求

1)镇域现状

五云镇位于赣县西北部,东邻赣江,南界章贡区水西镇,西靠南康市,北接沙地镇,距离赣县城 28 km,距离赣州市区仅 18 km,105 国道穿越镇境 15 km,交通便利,具有较好的区位优势(图 21.1)。全镇占地面积 126 km²,辖 12 个行政村,173 个村民小组,全镇人口 22 000多人,现有耕地面积 13 587 亩,山地面积 185 698 亩,水面面积 2 750 亩,圩镇面积 3 km²,圩镇人口2 000多人。

辖区内以丘陵为主,为典型的南方山区地貌,山清水秀,风景如画。区域内具有深厚的历史文化底蕴和丰富的生态旅游资源,如清代明威将军古墓、菩提山旅游开发、长村水库立体开发等。矿产资源也较丰富,主要有钨、钾长石、荧矿石等,还盛产无公害蔬菜、无籽西瓜、食用菌、茶油、板鸭等,是江西省无公害蔬菜基地,赣州市菜篮子工程基地。

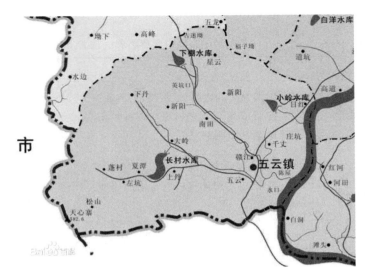

图 21.1　五云镇行政区划图

2) 规划要求

①根据《中华人民共和国城乡规划法》《城市规划编制办法》以及《镇规划标准》等相关法规和技术规范要求,总体规划分为两个层次,即镇村体系规划和城镇规划。镇村体系规划以镇域为规划范围;城镇规划是以镇建成区和城镇发展需要作为建设用地的区域为规划范围。

②总体规划的期限,近期一般为 3 ~ 5 年,远期一般为 15 ~ 20 年,并对城镇更长远发展做出预测性安排。

③通过对现状基础资料的研判分析,要突出五云镇生态文明建设,遵循城乡统筹、合理布局、节约土地、集约发展的原则;要促进五云镇资源、能源的节约和综合利用,保护自然资源和历史文化遗产,保持地方特色和传统风貌,防止污染和其他公害,并符合防灾减灾和公共安全的发展需要。

④强制性内容:

a. 镇域内应当控制开发的地域。包括基本农田保护区、风景名胜区、矿产资源开采区(点)、湿地、水源保护区等生态敏感区。

b. 城镇建设用地。包括规划期限内建设用地的发展规模,土地使用强度管制区划和相应的控制指标,各类绿地的具体布局。

c. 城镇基础设施和公共服务设施。包括干道系统网络、交通枢纽布局;水源地及其保护区范围和给排水、电力、通信、广电、燃气、消防、环卫等其他重大公共基础设施;文化、教育、卫生、体育等方面主要公共服务设施的布局。

d. 城镇历史文化遗产保护。包括历史文化保护的具体控制指标和规定;历史文化街区、历史建筑、重要地下文物埋藏区的具体位置和界线。

e. 生态环境保护与建设目标。包括污染控制与治理措施。

f. 城镇防灾工程。包括防洪设施、防洪堤走向;抗震与避险场地、疏散通道;地质灾害防护设施。

⑤规划成果的基本组成。规划成果的成果包括文本、图纸、说明书和基础资料汇编等 4

部分。

21.5.2　规划编制内容

1）镇村体系规划

（1）战略定位及目标

将城镇放在县域或更大区域内进行审视,分析其在区域中的经济社会发展、生产力总体布局、生态环境建设等方面所具备的战略地位和作用;调查研究镇域的自然条件、资源赋存、产业结构、生态环境、历史文化传统、道路交通、工程设施、公共设施等情况,综合分析镇域发展的优势条件与制约因素;分析解读上位规划,研究上位规划对该镇的职能定位、发展要求以及规划影响,最终提出该镇的发展战略定位及发展目标。

（2）镇域产业发展规划及布局

依据发展战略定位及发展目标,统筹规划镇域产业的空间布局,合理确定其位置和规模。

（3）镇域总人口及城镇化水平预测

依据城镇产业发展规划预测城镇所需劳动就业岗位,根据劳动就业岗位预测人口规模。采用剩余劳动力转移法,预测规划各阶段农业人口规模,明确镇域和城镇规划各阶段人口规模。同时,依据所在县（市、区）域村镇体系规划,复核规划各阶段镇域人口总量,确定规划各阶段城镇人口规模。最终预测各阶段城镇人口规模及镇域城镇化发展水平,并提出城镇发展的策略与措施。

（4）镇村体系规划暨新村布局规划

依托城镇的产业发展空间布局,构建镇域镇村体系等级结构,明确中心村与基层村。根据预测规划期末农业人口规模,结合农业产业发展布局,按照产村相融的要求,以特大、大、中、小型新村布局方式合理构建镇域镇村体系规模结构,测算新村聚居度。

（5）镇域公共服务设施和基础设施规划

统筹配置城乡公共服务设施和基础设施包括教育、医疗、文化、体育、商业,以及道路交通、供水、排水、供电、通信、能源设施、生态环境、综合防灾、历史文化遗产保护等。按照镇村统筹发展的原则,优先安排城镇基础设施和公共服务设施的建设,为周边农村提供服务,同时提出农村公共服务设施按等级配置和按规模配置的安排情况。

（6）镇域空间管制规划

坚持绿色、低碳的发展理念,根据生态环境、社会人文、自然禀赋、资源利用、公共安全等基础条件进行多因子综合分析,划定镇域内禁建区、限建区、适建区和已建区的范围,提出镇域内生态环境保护与建设、防灾减灾等对策措施,并提出相应的空间管制要求。

2）镇区规划的内容

①确定城镇性质与规模。根据区域地位及上位规划确定城镇性质与职能。根据城镇人口规模,以现状人均建设用地指标为基础,对规划人均建设用地指标进行规划调整幅度控制,合理确定城镇建设用地规模。规定城镇的规划区范围。

②城镇用地布局规划。进行城镇发展用地选择分析,确定城镇发展方向、空间增长边界、布局形态、空间结构、功能分区,进行居住、公共管理与服务用地、商业、工业、绿地、仓储、公共设施等各类用地布局规划。

③城镇生态绿地及景观风貌规划。确定绿地系统的发展目标及总体布局,划定各种功能绿地的保护范围(绿线),划定河湖水面的保护范围(蓝线),确定岸线使用原则。明确景观风貌分区,景观轴线、景观景点的控制要求。

④城镇综合交通规划。有机衔接城镇的对外交通和内部交通,确定城镇道路系统,构建道路网络体系,确定城镇道路层次等级,布局城镇各项道路交通设施。

⑤城镇市政工程规划。制订城镇各项市政工程规划,确定供水、排水、供电、燃气、邮政、通信、广播电视、供热、环卫等设施建设目标与布局。

⑥城镇综合防灾规划。制订城镇防洪、消防、抗震、避难场地、地质灾害防治规划。

⑦城镇远景发展规划。构建远景轮廓发展框架,确定远景用地发展方向和用地范围,基础设施位置及线路走向。

⑧城镇近期建设规划。确定近期建设范围与规模,制订近期建设规划,对规划近期实施建设项目进行投资估算。

3)规划文本的体例(图21.2)

第1章 总则	第2节 城镇布局结构及功能分区
第2章 镇村体系规划	第3节 城镇用地布局规划
第1节 发展战略定位及目标	第4节 城镇生态绿地及景观风貌规划
第2节 镇域产业发展规划及布局	第5节 城镇道路交通规划
第3节 镇村体系暨新村布局规划	第6节 城镇市政工程规划
第4节 镇域社会服务设施和基础设施	第7节 城镇防灾规划
规划	第8节 城镇远景发展规划
第5节 镇域空间管制规划	第9节 城镇近期建设规划
第3章 城镇规划	第4章 附则
第1节 城镇性质和规模	

图21.2 规划文本体例示例

4)规则图纸的内容

规划图纸内容应当包括区位关系分析图、镇域综合现状分析图、镇域产业布局规划图、镇村体系暨新村布局规划图、镇域公共服务设施规划图、镇域基础设施规划图、镇域空间管制规划图、城镇综合现状分析图、城镇用地布局规划图、城镇生态绿地及景观风貌规划图、城镇道路交通规划图、城镇市政工程规划图、城镇综合防灾规划图、城镇近期建设规划图。

以上图纸可以合并与拆分。镇域规划图纸采用1:10 000或1:50 000地形图,城镇规划图纸采用1:1 000至1:2 000地形图。

5)图纸规格要求

①符合总体规划编制的行业要求和国家标准;

②规划设计图纸以A4大小(210 mm×297 mm)文本方式装订成册;

③每套图应有统一的图名、图号和规划年限。

6)设计成果附件要求

①文本文件采用doc格式文件;图形文件采用手绘的方式,坐标系应与实际坐标系大致保持一致。

②以个人为单位,提交自己城(镇)的总体规划手绘图纸,文本,说明书一套。

③设计图纸和文件必须做到清晰、完整,尺寸齐全、准确,图例、用色规格应尽量统一,符合行业标准要求。

21.5.3　教学计划进度表

总体规划编制教学计划进度见表22.2。

表 22.2　总体规划编制教学计划进度表

序号	时间	讲授要点	设计内容	方式
1	4 天	发放设计任务书,前期准备	查阅资料,现状资料收集、分析	网上下载设计任务书,查阅资料
2	2 天	规划方案的布置	规划初步方案的确定(在 2~3 套方案中确定一套最优方案)	集中讲解
3	4 天	讲述注意事项,以及方式方法	初步完成其他相关配套图纸和文本说明书的编制	集中讲解
4	2 天	发现设计中存在的问题及修改意见	详细编制其他相关配套图纸和文本说明书的编制	集中讲解
5	2 天		提交最终成果	

21.5.4　中期检查与最终考核

城市总体规划课程设计过程中共安排一次中期检查和最终考核。

①城市总体规划课程设计第一阶段结束后,应对每个组完成的总体规划方案进行公开讲评,由学生介绍各自方案,指导教师进行讲评。学生完成的规划方案应包括城区土地使用规划总图、规划结构示意图和用地平衡表及简要说明。方案深度应达到墨线正草图要求,不同的土地使用应用不同颜色表示。讲评结束后,由学生将方案进行继续深化。

②整个课程设计完成后,由指导老师对各个小组的学生进行考核。考核内容包括各学生在此阶段所完成的任务及其质量、学生对总体规划各个阶段的了解和对总体规划其他内容的认识。考核结束后,由指导教师给出每位同学的综合评分成绩。

21.5.5　主要参考资料

①规划设计任务书;

②《中华人民共和国城乡规划法》;

③《中华人民共和国环境保护法》;

④《城市规划编制办法》;

⑤《村镇规划标准》;

⑥《赣州都市区总体规划》;

⑦《所在城市(乡镇)规划管理技术规定》。

第22章 城市设计课程设计

22.1 课程设计目的与要求

城市设计是根据城市各个方面(经济、政治、社会、生态、行为、技术和美学)的发展,构建城市形态,创造宜人、有特色、有活力和公正的城市环境的过程。

本课程设计的目的是巩固基础理论知识,理解城市设计内涵的实证意义;掌握城市设计实践的基本内容和工作方法,熟悉城市空间调查的资料收集、空间分析、环境评价的方法与技巧;掌握城市设计方案构思、评价及深化过程;掌握城市设计成果编制要求与表现等综合专业能力。

在课程设计过程中,学生应自觉培养调查分析与独立的思考能力,做到因地制宜、经济技术合理、理论联系实际,使最终设计成果既严谨规范、可操作性强,又能适应社会经济的长远发展。

22.2 城市设计的步骤与方法

城市设计的步骤可分为明晰任务、现场调研、分析与研究、方案设计、成果表达等几个阶段。

1)明晰任务

明晰任务就是对实验项目书的解读。了解项目书中所要求的项目类型、设计内容、成果要求、时间安排等。

2)现场调研

现场调研包括对用地现场的外围(区域)环境的调查以及内部环境的调查。具体包括区位、空间形态、土地使用现状、综合交通、建筑状况、经济社会、文化传统、人口分布等内容。

3)分析与研究

(1)针对城市地域特色和个性的研究

不同地域的城市,其风格和个性不尽相同,如城市性质、地方文脉、建筑风貌、自然资源特色、建筑形态肌理和组合模式、生活方式(居住区及城区布局)、该城市发展的状况等。当然,每个城市独特、美好的一面,需要传承;但也有落后和陈旧的一面,需要改造和创新。

(2)现状用地及建设情况的研究

内容包括:周边建设情况和对基地的影响;周边重点项目对基地的影响;现状用地、水系、道路分析。

(3)城市设计中控规指标的研究

内容包括建筑高度、容积率、建筑密度和绿化率等。城市为人所用,城市设计应从城市空间、城市肌理、公众利益、美学角度等论证基地的指标,以提高整个地块的经济效益和环境。

（4）相关案例分析

可选择一些相近地域、规模相当、要求相似的一些城市设计案例进行分析和研究,从中得出经验和启示。

4）方案设计

在方案设计中,首先要进行设计条件研究,如要明确法律的限制条件、用地条件、空间的性质与类型。其次是进行意象构思、空间设计、环境景观以及细部构造与小品设施设计等。最后是初步成果的表达。在方案设计过程中,设计成果是在老师的指导下逐步由初步成果、中间成果,最后成为最终成果,是一个需要反复研讨和修改的过程。

5）成果表达

在最终的设计方案确定后,同学们要按成果要求编制设计说明书和绘制图纸。

22.3　实习工具

笔记本、速写本、相机、硫酸纸、拷贝纸、马克笔、针管笔、钢笔、丁字尺、相机、计算机、地形图、手绘图设备以及相关绘图软件软件。

22.4　设计成果要求

本设计课程成果内容包括调研与分析报告、设计说明书、设计图纸等 3 部分内容。

①调研与分析报告:阐述场地自然与社会经济概况,土地使用及基本建设状况,存在的问题等。

②设计说明书:阐述清楚项目定位、城市设计思想与目标、方案构思特点、总体形态设计、功能布局、公共服务设施配置、道路与交通组织、空间景观设计意图以及用地平衡表和技术经济指标等。

③设计图纸:区位图、土地使用现状图、建筑质量(高度)等评价图、功能结构图、周边环境综合分析图、土地利用规划图、城市设计总平面图、道路交通分析与组织图、城市设计鸟瞰效果图等。

设计过程:完成设计草图 3 份,一草要求手绘 A2 拷贝纸;二草、三草可以电脑制作,A2图纸。二草阶段要求完成 PPT 汇报材料一份。

22.5　课程设计进度表

本城市设计总体时间安排为 2 周(10 个工作日),其设计进度见表 22.1。

表 22.1　城市设计进度安排表

序号	基本内容	时间安排(工作日)
1	实地调研与资料收集	1
2	初步规划方案	3
3	中间规划方案	2
4	完善规划方案	1
5	成果表达	2
6	评图	1

22.6 课程设计考核方式

课程设计评分标准分为平时成绩与成果成绩,各占50%。其平时成绩包括设计态度、调研分析以及设计草图。设计态度占20%,调研分析占10%,设计草图占20%,设计成果占50%(详见评分表22.2)。

表22.2 城市设计成果评分表

序号	分项	要点	优	良	中	及格	差
1	总体评价	基地分析全面,方案构思新颖、规划结构清晰,空间布局好,功能定位合理,整体景观效果好					
2	现场分析	现场分析全面、深入					
3	交通组织	与周边城市道路能有效衔接					
		地块内人车流线组织层次明确					
		步行流线清晰流畅					
		地上停车场					
		地下停车场					
4	功能布局	功能分区合理有序					
		建筑物布局符合使用功能要求					
		建筑功能合理					
		建筑形体特征反映功能要求					
5	空间形态	与周边城市空间形态本融合					
		整合体形态完整统一					
		空间布局层次丰富					
		场所氛围的营造有活力					
		对空间形态的控制要求清晰明确,可实施性强					
6	景观设计	公共空间及绿化设计					
		局部环境设计					
7	建筑功能	主要单体与地下空间的功能布局及划分					
8	成果表达	制图规范与图纸表达					
9	总分						

22.7　设计选题

设计选题一　城市广场设计

城市广场(如交通广场、行政广场、市民广场、纪念广场等),分析场地周边环境与体量,划分广场内部空间层次,营造广场绿化与设施小品,注重广场空间围合感、尺度感以及层次性,构建具有空间整体性与功能合理性的广场设计方案,并完成城市广场设计相关图件,包括总平面图、鸟瞰图、功能结构分析图、交通流线分析图、景观视线分析图等。具体要求如下:

①认真收集并分析现状基础资料和相关背景资料,分析规划设计基地和周围环境的关系,分析功能定位及使用对象构成。

②基于广场功能类型,提出空间与功能组织结构方案。

③考虑与周围城市道路,明确广场出入口数量与位置,提出内部游线组织方式,解决其停车与交通疏散问题。

④深入设计广场内各景观要素,既要满足景观要求,又方便市民使用,具体包括绿化、铺地、建筑小品等,并充分利用植被、小品、台阶、铺地等手法,划分空间领域,形成空间级差,塑造空间层次感。

设计选题二　城市街道空间设计

选定特定空间区域进行步行街、商业街、学生街等设计或对已有街道空间进行更新改造设计,要求合理组织街道内部功能空间,正确处理街道空间与外围建筑之间的关系,合理限定街道长、宽尺度,有序引导街道形态与肌理,丰富街道节点与界面景观,并完成相关图件,包括总平面团、鸟瞰图、功能结构分析图、节点详图等。具体要求如下:

①分析街道区位条件及场地环境,并进行实地踏勘。

②在场地分析基础上,分析场地环境与街道空间组织之间的关系,思考人的行为活动对街道空间场所塑造的影响,提出具有创新性的设计概念。

③合理限定街道长、宽尺度,街道高宽比控制在 1~2,街道的连续不间断长度的上限是 1 500 m,步行街长度一般控制在 300~1 000 m,街道过长则应设置途中出入口。

④合理引导沿街建筑布局疏密程度,构建多样化的平面轮廓;探讨街道建筑功能与组织形式,促进街道建筑组合的多样化。

⑤有针对性地设计入口节点、中间节点、末端节点,通过节点的变化增强街道空间趣味性;运用渗透、对景、重复、色彩渲染等设计手法,丰富街道界面。

⑥进行街道细部设计,包括街道绿化、建筑小品与配套设施、街道铺装、标识系统等。

设计选题三　城市滨水区设计

在对特定滨水区定位与发展全面了解与分析的前提下,强调滨水区的生态功能、休闲功能与景观功能,重点对滨水区的功能组织、交通组织、建筑景观、滨水岸线等进行设计,编写设计说明书,并形成相关分析与设计图件,包括功能结构分析图、交通组织设计图、景观视线分析图、节点详图等。具体要求如下：

①分析滨水区场地条件及其现状利用情况，并进行实地踏勘。

②在场地分析基础上，围绕"水"主题，提出新颖而实用的设计目标与设计。

③合理选择与组织滨水区功能空间，强调功能项目与相关水环境的兼容性与关联度，在注意功能构成的混合性的同时，尽可能多地安排公共性较强的功能。商业、服务业是滨水区开发的常见功能，而各种事件公园、主题公园、会展、博览则成为近年来滨水区开发的新功能。

④合理组织滨水区内部与外部交通，增强滨水区与城市其他地区之间的可达性与便捷性，通过顺畅便捷的交通线路将城市中心区域人口密集区与滨水区之间很好地联系起来，并在滨水区入口位置设置足够的停车空间，实现滨水区内部交通人车分流。

⑤整体考虑滨水区建筑景观形态，加强建筑轮廓线的起伏变化，通过一些标志性建筑的设置形成轮廓线中的统领；建筑高度可以随着离后退岸线距离的增加逐步加大，以加强建筑景观的层次感，并创造更多的临水景观面；城市腹地与滨水区之间宜设置一定数量垂直于岸线方向的视觉通廊，并与滨水盛行风向一致；建筑色彩宜清新明快，建筑密度不宜过大，以塔式和点式建筑为主，反对大规模板式、条式建筑，滨水建筑一、二层可以采用架空处理，加强滨水景观渗透，削弱实体体积感。

⑥对滨水岸线进行整体设计，既建立生态驳岸理念，选择耐水性植物，又促进城市空间向水体开放，提供接近水面、层次丰富的亲水平台或阶梯状的缓坡护岸。

设计选题四　城市中心区设计

在了解相关规划有关某中心区定位、规模等内容的前提下，基于城市中心区土地使用多样、开发强度高效、形象文化鲜明的特征，重点对城市中心区形态功能、交通系统、自然与人文环境、形象与高层建筑等要素进行设计，编写设计说明书，并形成相关成果图件，包括总平面图、鸟瞰图、功能结构分析图、交通系统设计图、节点详图等。具体要求如下：

①了解城市发展及相关规划对该中心区发展定位要求，熟悉其周边环境特征，分析其发展现状及未来发展方向，提出总体发展目标与定位。

②从整体把握中心区空间形态和功能组织，注重功能空间的紧密性，将功能相近的设施，尤其是商业、服务业集中在一起。

③架构高效的交通系统。合理处理过境交通，设置外围快速环路；建立多层次的立体交通网络，配建充足的停车设施；倡导公交优先策略，建立迅速、准点、方便、舒适的公共交通系统；注重步行环境的改善，通过设置空中步行道、步行街区等，增强行为的安全感与便捷性。

④充分挖掘并利用山水要素特色，塑造生态化的中心区环境；对中心区传统文脉进行合理保护和利用，协调好功能现代化与历史保护之间的关系。

⑤合理引导建筑体量，营造具有韵律感的天际线，强调建筑景观的层级，通过标志性建筑的设计，加强建筑组群的向心性与凝聚力。

第4篇
独立实习

第23章 规划认识实习

23.1 认识实习的目的

认识实习是学生在经过专业基础学习,具有一定的城乡规划专业基本知识之后的首次专业实习,是在专业课学习之前,对城市物质空间环境及关系的一次实地考察和认识过程。其目的在于以下4个方面:

①巩固和深化所学的专业基础理论知识,为后继学习积累感性认识。课堂中所学的理论知识只有通过实践才能转化成可用的知识和技能。在认识实习中,通过对城市较为全面的参观、考查,系统地培养学生认识城市环境及其内涵的能力,从而强化其基础理论知识。

②培养观察、分析城市各类物质空间问题的方法与能力。认识实习过程中,学生通过文献查阅、实地访谈、问卷调查、摄影摄像、绘图标图等一系列调研方法,能系统地训练学生运用较为专业的眼光来观察和思考城市规划与建设中存在的各种问题,并对调查获得的资料和数据进行深入分析与交流,并形成调研报告,从而极大地提高学生思考和分析能力。

③有利于学生组织能力和协作、沟通能力的提升。为保障实习教学的顺利进行,学生在教师的指导下,需进行一系列自组织行为,如安排吃、住、行以及分组、安全、保护等,甚至要处理一些突发情况。这无疑将大大提高学生自身的组织、管理、沟通及协同能力。

④了解本专业在国民经济中的地位及作用,理解国家的城乡规划与建设的大政方针。

23.2 实习的方式、内容与基本要求

城乡规划专业认识实习采取现场集中实习的方式进行,即选择某个城市进行规划参观、现场参观、调研分析教学等。其基本内容和要求见表23.1。

表23.1 认识实习的基本内容与要求一览表

序号	实习地点	实习内容	基本要求	分组
1	城市规划展览馆	了解城市发展脉络、性质、规模和规划结构布局等	记录、收集城市规划有关资料	每人一组
2	城市中心区	重点地段和重点建筑的设计,全面了解城市总体规划的设计内容和表现手法	记录有关现场情况,绘制1张 A2/A3 的小区总平面图,进行分析	每人一组
3	居住小区参观	调查居住区的四大功能组成,住宅、公建、道路、绿化等的布局和处理手法,了解居住区规划的相关知识及住宅建筑的设计	记录有关现场情况,绘制1张 A2/A3 的小区总平面图,进行分析	每人一组

序号	实习地点	实习内容	基本要求	分组
4	城市公园	了解城市公园规划布局、绿化主要树种、建筑小品、雕塑、城市景观、环境状况和地方特色等,对园林道路、园林植物、园林建筑有一个大致的了解	记录有关现场情况,绘制 1 张景观分析图	每人一组
5	历史街区	参观历史街区,了解历史街区建设、发展,街区建筑特色、风格等	记录有关现场情况,绘制 1 张 A2/A3 的历史建筑的分析图	每人一组
6	某城市规划局	了解某一城市(镇)的规划、建设和管理工作	了解城市规划局的科室设置、工作职能、管理内容、工作流程等	每人一组

23.3　实习时间组织及事项安排

认识实习安排在第六学期期末(利用暑假)进行,为期一周。从时间组织上讲,可分为准备阶段、实习阶段和总结并提交实习成果阶段 3 部分。

1)准备阶段的任务要求

准备阶段是指实习动员大会至外出考察调研前的这段时间。其主要任务包括学生分组及成立实习领导小组、确定实习城市及具体的考查参观场所、文献查阅、行程安排、实习动员及准备等。由于该阶段仍需照常上课,带队教师和同学们需要利用课余时间进行准备。

(1)学生分组及成立实习领导小组

为了便于现场管理和统一行动,以 6~8 名同学为一个实习小组,将参与实习的班级同学分成若干个小组,并确定组长一名(一般以班干部为主),再由各组长与带队的教师组成实习领导小组。

(2)确定实习城市和具体的考查参观场所

为了能确保实习有更好的效果和成绩,对于实习城市和具体的考查参观场所的选择应要求有一定的代表性和典型性,一般以中国一、二线城市为主,因为这些城市规模较大、城市特色较为明显、城市社会经济发展较高、城市规划建设水平较高等。

(3)文献查阅

在确定了城市和地点后,应要求学生查阅这座城市及地点的有关资料,包括区位条件、地理环境、发展现状、历史沿革、现状特征等,以对这座城市有一定的感性认识和背景知识储备,从而能进一步明确在考查参观时的重点。

(4)行程安排(以杭州、苏州、上海学习考察为例)

行程安排就是依据实习的总体时间要求,确定起止日期、交通工具、预订车次和考查参观路线等,见表 23.2。

表 23.2　杭州、苏州、上海学习考察 7 晚 7 天行程安排表

日期	行程安排	住宿	用餐
7 月 11 日	上午 11 点至杭州,就餐,12:30 点至杭州西湖(可坐船游览)、南安御街,回酒店休息,晚上自由活动	杭州	中
7 月 12 日	上午参观象山校区,下午 4 点半以前去钱江新城、杭州博物馆、河坊街、杭州菩提谷(农舍改造)、鸬乌镇大公堂,出发去苏州	苏州	
7 月 13 日	苏州:狮子林、拙政园、苏州园林博物馆、苏州博物馆(中餐可自行在园林边吃),下午参观留园,住酒店,晚上自由参观:山塘街、石路步行街、状元桥、京杭大运河	苏州	
7 月 14 日	苏州:上午参观观前街、苏州规划展览馆(11 点前结束),驱车去往金鸡湖工业园(就餐顺路旅游公司安排),下午第一、第十三邻里中心、艺术中心、博览中心、月光码头、金鸡湖景区等,出发去上海	上海	中
7 月 15 日	万国建筑群——外滩、南京西路商业街(田子坊、som 创智中心、四行仓库)、新天地石库门、水舍酒店、雅悦酒店、淮海路西钢铁厂、红坊国际文化艺术社区;下午城隍庙、波特曼大酒店、威斯汀大酒店	上海	中
7 月 16 日	上午:城市规划展览馆、上海大剧院、人民广场、上海博物馆、新世界; 下午:金茂大厦(参观)、东方明珠(参观)、环球金融中心(参观)	上海	中
7 月 17 日	上午:上海世博会中国馆、五角场城市副中心、海上海(商业休闲 LOFT 设计); 下午:同济大学(四平路校区)、建筑书店,回酒店	上海	中
7 月 18 日	上午:酒店解散、自由活动		

（5）实习动员及准备

实习动员及准备是指在实习出发前夕,由院系分管领导、带队教师及全体实习同学参与的实习动员会。在动员会上,应明确告诉学生此次实习的目的、内容、重点要求、所要携带的仪器工具、组织纪律及注意事项等,并就实习内容要求各小组编制好具体的实施计划。

2）实习阶段的任务要求

实习阶段是指离开学校踏上行程直至实习内容完成的这段时间。由于正值暑假时期,实习内容完成后,学生便就地放假,不必集中返校再放假。本阶段的任务就是在老师的指导下,依据实习内容和时间安排进行实地的考查参观,现场收集资料、撰写考查日记等。

为了能确保实习任务按时、按量、按质地完成,每一项实习任务均应制订详细的实施方案:一般是白天外出考查参观,收集资料,晚上回到住处后进行总结、汇报并安排好次日的行程、内容和分工。在实地调研阶段的需要注意以下几个事项:

①当天的实习任务应该当天完成,否则将会影响后续工作的开展习进度。

②灵活机动地执行实地调查方案。事先制订的调查计划往往不可能考虑周全,此时需要果断地对调查方案进行微调。

③实地调查的核心任务是收集专题报告所需的照片、视频、问卷调查和访谈资料、实地

测量和踏勘数据等,因此,调查时一定要严格、科学地收集数据和资料,只有科学、可靠的数据资料才能保证问题分析解决的科学性。

④实习中一定要多与当地人沟通交流,这是培养训练自己的绝好机会,一定不容错过。沟通交流中一定要语言亲切、思路清晰、言简意赅。

3)总结并提交实习成果阶段的任务要求

为了展现实习过程及实习成效,必须进行实习总结。这一阶段一般放在下一学期开学后的第一周进行。本阶段的主要任务包括撰写总结性实习报告,制作实习汇报课件、视频和实习展板,组织完成实习汇报会等。

总结性实习报告一人一份。该报告是实习归来后每位同学对所有实习项目的重新梳理和仔细思考后的成果,要对整个实习过程的所感、所想、所思和所得给予适当阐述。

学生应完成的实习成果包括以下内容:

①实习报告。综合概括、总结分析实习内容、体会、收获等,以文字为主(字数不少于2 000字)。

②摄影图片及分析图手绘图。不少于 10 张照片,组织到实习报告中,要有现场照片。

③文字材料与图片混排,图文并茂,版面美观、清晰,内容丰富细致。

④所有实习内容全部统一到两张 2 号图纸中去,图文混排(内容包括调查实习的选题选点原因,具体目标、任务、调查内容、分析与认识,调查计划与时间安排,调查方式——现场踏勘、访谈、问卷等)。

⑤课件、视频、展板等汇报材料则以实习小组为单位进行制作和提交,并由组长进行汇报。

4)成绩评定

实习成绩评定由实习指导教师负责,根据学生在实习期间工作表现,对提交的内容与质量进行综合评定。根据实习期间的表现,参考实习日记和实习写生作业对实习报告进行评分考核。其中,实习态度占 15%,实践理论占 15%,实践技能占 20%,实习报告占 50%。

5)认识实习纪律

①严格按实习安排,制订工作计划并执行。

②每位同学应服从教师安排,充分准备,认真对待。

③要求实习学生全程参加实习过程,有事请假,事假不得超过一天。

④实习全过程中保持高度的安全与防范意识,严防事故发生。

⑤实习期间应每天记实习日志,实习结束后写一份详细的认识实习报告,于实习结束时交指导教师审阅。

⑥要求实习学生团结一致,积极主动完成各项实习任务。

第24章 规划师业务实习

24.1 实习目的

规划师业务实践是将城乡规划专业高年级的学生分派到与城乡规划行业相关的,如政府行政主管部门、城乡规划设计研究院所等进行为期4个月的专业业务学习和实践。这是城乡规划专业的学生进行职业性实践与学习的重要环节,是城乡规划专业人才培养实行开放式办学,并为学生适应社会需要采取的重要手段。其目的就是培养学生的职业素质,提高学生综合解决城市及环境建设实际问题的能力,提高学生对我国城市规划体制的理解和认识。

24.2 实习方式与单位的选择

规划师业务实习的方式以学生分散实习为主。实习单位的选择根据就近(指原籍)、相关(指专业)和安全的原则由学生自主或学校、老师推荐选择。

实习单位必须在城乡规划设计院(所)、规划行政主管部门以及与城乡规划设计相关的业务部门(单位、企业)中选择。可以选择实习的单位如下:

①城乡规划设计院(所);

②规划行政主管部门:规划局、建设局、土管局、开发区、环保局、村镇办等;

③相关业务单位:建筑设计、园林景观规划设计、旅游规划、环境评估等院所,以及工程咨询、房地产开发、旅游开发等公司。

24.3 实习程序与时间安排

1)实习程序

整个实习过程可分为3个阶段。首先,由学校专业系(所)、专业教师或学生自我联系、落实规划设计相关单位;其次,在确定的时间进驻实习单位,并在实习单位的安排下按时、按质完成各项工作内容;最后,返校后提交实习日记、实习单位评语和实习报告并进行实习答辩和成绩汇总。

规划师业务实习的程序,如图24.1所示。

2)实习时间安排

①规划师业务综合实习安排在第九学期,共15周时间。

②第九学期第15周完成实习,并于第16周返校,第17周内安排总结,第17周星期五组织答辩,检查评定实习成果,给定成绩。

24.4 实习内容与基本要求

在实习过程中,学生必须严格遵守实习单位的规章制度、听从实习单位的工作安排和指导教师的专业教导,积极参与实习单位的各项项目组织、调查研究、方案讨论、成果编制、项目评审与成果优化等工作。并在业务实习过程中,详细记录实习过程,培养吃苦、团结、协作等精神,努力提高处理实际规划问题的能力和水平。

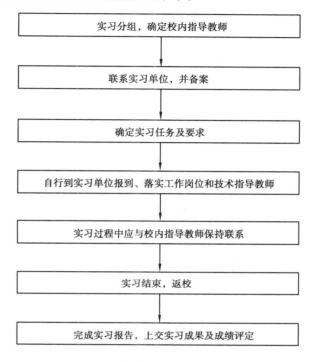

图 24.1　规划师业务实习流程图

①了解国家对城乡规划及城乡基本建设方面的有关法律和法规,建立正确的职业道德和社会责任感。

②了解城乡规划设计整体内容和程序。

③了解城乡规划的审批制度及城市建设管理的规则和方式。

④了解不同阶段城镇总体规划及详细规划的工作内容和编制深度。

⑤了解各专业之间相互配合的内容及规划师的综合协调作用。

⑥进一步了解规划设计中的有关标准和规范,强化综合设计的能力。

24.5　教学程序及要求

①认真落实实习计划。实习的顺序可视具体情况作灵活调整,但规定的实习任务必须完成。在实习中要积极主动地完成承担的任务,加强实际操作能力的锻炼。

②进行职业规划师应具备的基本素质、职业道德和社会责任感教育,培养遵纪守法,讲文明、懂礼貌的良好作风,虚心向实习单位的同志学习,自觉接受他们的指导。

③严守相关机密,自觉爱护公共财产,借阅的文件和资料不得丢失和损坏。

④实习期间,准时上下班,不迟到,不早退;病假要有假条,事假要得到规划设计单位指导人员和实习指导教师的批准。无故缺勤三分之一者,取消实习资格。

⑤认真填写半月一次的汇报表,并按规定的时间寄给指导老师。

⑥实习结束后,设计单位的指导规划师应根据学生的工作成果和相应的实践报告给出鉴定,签字、加盖单位公章并密封交校内实习指导教师,由相应教师或教学小组以此为主要依据评定成绩。

24.6　实习成果内容和相关要求

实习成果是学生实习结束后提交给校内指导教师的关于评定实习成绩的实习材料,具体包括有实习报告、实习日记、实习鉴定表以及实习期间所从事的项目资料。

1)实习报告

实习报告应具体地介绍实习的过程、亲身经历、所见所闻,提供实习的规律性和发展方向,说明实习在整个教学过程中的意义和作用,对实习的全过程进行分析总结,报告要图文并茂,思路清晰、文字流畅,字数不宜少于 5 000 字。

①实习概况,即整个实习的安排,实习计划落实情况。

②实习成果的概况,以规划设计图纸、文字资料进行说明。

③个人主要具体实习内容,包括实习工作中的主要收获,实习期间进行某项专题研究后取得的成果。

④实习工作成果,实习期间所完成的实习工作,将书面资料和图纸附在实习报告中。

⑤对实习的安排,实习领导工作和实习指导工作方面的改进意见。

2)实习日记

实习日记是学生积累学习收获的一种重要方式,也是考核成绩的重要依据,学生应根据实习的要求每天认真记录工作情况、心得体会和工作中发现的问题。

①记录每天的工作内容及完成情况;

②记录自己每天的新收获、新认识、新体会,对某项工作的建议和设想,难以理解和解决的问题;

③根据每天的工作情况认真做好资料积累工作,如查阅资料所得、现场调查、实际参与工作的记录等;

④遇有参观、工作例会、方案讨论、报告,则应详细记录这部分内容;

⑤记载某项工作的做法、依据、关键环节、质量安全要求和效果;

⑥记录必要的图表、数据及收集到的有关资料和信息。

3)实习鉴定表

实习鉴定表是实习单位在实习结束时,依据学生在实习期间的表现所作出的评价,是实习单位考核和学校考核的重要依据。在实习结束时,由实习单位给出,并由学生带回后上交学校。

4)项目成果

项目成果是指实习期间参与的实际规划设计项目的图纸、文本、说明书、基础资料等成果材料或阶段性成果材料;外出调研、汇报、座谈的图片、照片、调研表格、会议记录等过程材料;反映实习期间的工作、生活、居住以及所在城市的民俗、风俗、特色、建筑、街道、景观等内容的照片、图片、文字等内容。实习成果要有封面、目录、正文、封底。

5）成果形式

实习提交的成果包括纸质文档和电子文件。两者必须同时提交,如有缺项,不给成绩。

（1）纸质文档

纸质文档 A4 胶装,装订成册的尽可能是完整规划成果。装订顺序为实习报告、项目成果、实习各类表格。

（2）电子文件

电子文档中,图纸必须为 JPG 格式,文字必须为 PDF 格式,其他格式一律不收,退回重改。对于 JPG 格式,最大像素不得超过 6 000,单个 JPG 文件不得超过 6 MB。提交的电子文档,存入一个以个人命名的目录中。各子目录分别存入不同内容,子目录按内容命名,并且按打印装订的顺序进行编号。

24.7　考核办法

学生在实习完毕返校后,应组织实习成果汇报与答辩。实习报告应详细记载每天的工作情况、收获和体会。实习成果应为不少于一套规划设计成果文件。学生在实习汇报答辩前,必须向学校指导老师提交实习报告、实习成果以及如表 24.1 至表 24.5 所示的表格,由指导老师对其进行审查,合格者方能进行实习成果答辩。答辩后,结合学生答辩情况,答辩委员会成员评议意见和指导教师的意见结合,由答辩委员会确定答辩成绩。

考核分为两部分,一是实习单位的考核,二是学校的考核。其中,实习单位考核占总成绩的 60%,学校考核占总成绩的 40%。

成绩的考核与评定采用百分制,详见表 24.5。其参考标准如下:

（1）考核标准

①优秀（90~100 分）:

a. 实习态度端正,遵守实习纪律,出勤良好;

b. 实习日记内容记录齐全、内容真实、书写认真;

c. 实习报告观点明确、思路清晰、格式正确、书写工整;

d. 规划设计成果优秀。

②良好（80~89 分）:

a. 实习态度端正,遵守实习纪律,出勤良好;

b. 实习日记内容记录齐全、内容真实、书写基本认真;

c. 实习报告观点基本明确、思路清晰、格式正确、书写工整;

d. 规划设计成果良好。

③中等（70~79 分）:

a. 实习态度端正,基本遵守实习纪律,出勤良好;

b. 实习日记内容记录齐全、内容基本真实、书写认真;

c. 实习报告思路基本清晰、格式正确、书写工整;

d. 规划设计成果中等。

④及格（60~69 分）:

a. 实习态度基本端正,基本遵守实习纪律,无缺勤;

b. 实习日记内容记录基本齐全、内容基本真实、书写认真；

c. 实习报告思路基本清晰、格式基本正确、书写基本工整；

d. 规划设计成果合格。

⑤不及格(59分及以下)：

a. 有违纪行为；

b. 实习日记内容记录不齐全、内容空洞、书写潦草；

c. 实习报告观点不明确、思路模糊、只罗列现象、字数太少；

d. 规划设计成果不合格。

(2)考核办法

实习结束后，学生将实习日记、实习报告、实习成果交给指导老师。指导老师根据考核标准逐项考核，最终实习成绩根据实习表现(10%)、实习日记(35%)、实习报告(35%)和实习成果(20%)，按百分制记分方法评定。考核结束后，实习成绩及实习安全协议一并上交学院办公室进行存档；实习日记，实习报告和实习成果，由指导教师负责装订存档。

表24.1　实习工作内容与计划

实习单位(签章)

年　　月　　日

表 24.2　实习周记

第　　周	年　　月　　日至　　年　　月　　日						
实习内容与体会							
本周考勤情况	周一	周二	周三	周四	周五	周六	周日
出勤√,缺勤×,病假⊕, 迟到、早退							
实习单位指导老师评价	指导教师签名： 年　　月　　日						

表 24.3　　规划师业务实践考核表

实习单位				
导师姓名		学生姓名		班级
参加实习实际起止日：				
出勤情况	出勤：　　　日	病事假：　　日	旷工：　　　日	迟到早退：　　　次
完成设计与工作项目明细				
导师评语				导师签字： 年　　月　　日
单位审核意见				单位审核盖章： 年　　月　　日

表 24.4　学生综合实习成绩评定表

实习单位指导教师评语：   <div align="right">指导教师签名： 年　月　日</div>
实习单位意见：   <div align="right">实习单位负责人签名(签章)： 年　月　日</div>
学院指导教师评语：   指导教师签名： 　年　月　日
学院实习领导小组意见：   <div align="right">学院实习领导小组组长签名(签章)： 年　月　日</div>

表 24.5   学生综合实习成绩评定表

序号	评分内容			分值	得分
一、实习单位指导教师评分				60	
1	实习任务完成情况			20	
2	实习出勤率		95%以上	18~20	
			85%至95%（含）	16~18	
			75%至85%（含）	12~16	
			75%以下	0~12	
3	实习总体评价		优秀	18~20	
			良好	16~18	
			中等	14~16	
			及格	12~14	
			不及格	0~12	
二、学院实习指导教师评分				40	
1	实习任务完成情况			20	
2	实习总体评价		优秀	18~20	
			良好	16~18	
			中等	14~16	
			及格	12~14	
			不及格	0~12	
三、毕业实习总得分					

第 25 章　毕业实习

25.1　毕业实习的目的与方式

毕业实习,是针对学生毕业设计(论文)选题确定后,结合开题报告、文献综述等开展的有针对性的实践调研环节。其目的是针对毕业设计(论文)选题,开展较为系统的实地调研,收集资料,获得感性认识,以培养学生独立调查和系统分析的能力、团结协作及共识建构的能力,为后续毕业设计(论文)作准备,为毕业踏入工作岗位作准备。

实习方式采取分散和集中相结合的方式,学生根据自己的毕业设计题目可自主选择实习地点。对找不到合适实习地点的学生,可由学院或系统一安排。

25.2　毕业实习的时间安排与基本内容

根据培养方案及教学计划,毕业实习安排在第 9 学期的期末阶段,共 3 周,即第 18 周至第 20 周。

毕业实习期间,要依据毕业设计任务书的要求,认真进行调研考察,收集相关的设计资料,具体调研的教学单元及时间安排见表 25.1。

表 25.1　教学单元、基本内容一览表

教学单元	基本内容	时间安排/天		基本要求
		校内	校外	
确定任务	结合毕业设计(论文)的选题和开题报告确定调研的任务	1		掌握问题提炼的方法,培养组织协调能力
资料收集	收集国内外有关文献、技术规范与标准、有关规划设计案例	2		掌握文献检索的方法
实地调研	到与毕业设计(论文)相关的城乡进行实地考察		8~9	掌握现状调研的技巧,熟悉资料整理分析的方法
撰写报告	撰写毕业实习调研报告	4~5		了解调研报告的写作方法,提高文字及书面表达能力

25.3　明确任务

明确任务就是根据毕业设计(论文)选题和开题报告的要求,弄清楚在实习过程中所需要完成的事项和要求。

25.4 资料收集

25.4.1 资料调研

明确毕业设计课题后,学生应针对课题的类型、内容和要求,对与课题相关的资料进行收集、查阅、分析、研究,这一阶段工作基本在图书馆、资料室完成,其主要内容大致有以下3个方面:

1)国内外同类型课题的设计、研究现状与发展概况

通过查阅有关期刊、杂志和专业书籍,重点从理论研究角度了解所确定课题的状况,尤其是该领域相关研究的发展过程、最新指导性理论及研究过程中所遇到的各类问题。对上述情况的深入了解,有助于从宏观上掌握毕业设计课题研究或设计的基本思路和基本方法。通过对所查资料的整理和分析,可以从中找出某些研究和设计的关键所在,即在毕业设计中需要重点关注的着眼点和出发点。学习和掌握基础理论、基本原理及背景资料是顺利完成毕业设计的根本保证,也是提高研究和设计水平的基本途径。

2)实例资料调研

实例资料调研是一种迅速掌握同类型设计要点的好方法,尤其是对成功实例的深入剖析,是理解其内在含义、打开思路的有效方法。所选择的实例应是同一类型、类似环境或针对某些共同问题的方案,要仔细阅读相关说明,包括条件、环境状况与设计要求、构思的出发点、总体结构、各要素组织及相应的经济技术指标等。实例分析研究重要的是从中学习优秀方案内在的东西,切忌对其形式进行模仿。具有美的形式的方案并不一定是好方案,只有与环境有机结合并充分考虑影响设计的各种有利与不利的因素,才可能形成最佳或较好的方案。所以在设计中,"拿来主义"是不可能创造出完美方案的。

3)有关课题的技术性规范调研

作为设计的准备,熟悉相关的规范、技术标准及有关的法律、法规及政策性规定是必要的,这些条件无论是指导性的还是限制性的,都是构成一个合理可行方案的基本要求和条件。如居住区规划设计课题,至少要了解国家居住区规划设计规范、住宅设计规范及道路设计规范等;对于实际课题,有关法律、法规更是一个方案成立与否的关键性因素。

25.4.2 实地调研

实地调研是对课题涉及的地点、地段周边环境以及具体管理、决策部门的具体意向与要求等内容的了解和研究。

1)规划区的用地现状调查

对规划用地的详细了解是进行规划设计的前提,针对不同性质、规模的项目,其调查内容、范围也各不相同。如在城市总体规划阶段,调研内容众多、范围广泛,其工作量相当于总体工作的1/3～1/2,对于城市的调查包括了解城市的自然条件(气象、水文、地质、地震等)、历史资料(历史沿革、城址变迁、市区扩展等)及各项用地的现状性质、规模及使用情况、城市对外交通、市政设施、园林绿地及风景名胜等大量资料与数据;相关的内容还有建筑与设施、污染与环境等多方面情况。要做到对一个城市心中有数,甚至了如指掌,其调查研究的重要性是不言而喻的。在城市详细规划阶段对规划项目用地情况的了解更是要求既全面又细致

入微,从地段外围的城市环境、景观、交通等到用地中的一棵树、一块石都应准确地了解和掌握清楚。如控制性详细规划对基础资料的要求就有城市总体规划及分区规划对规划地段的要求,以及相邻地段的规划及建设状况、规划区各类用地的详细属性、地面建筑与设施的详细情况和地下各类管网的现状等。

总之,对规划区域规划用地的基础资料收集,需要通过多种渠道和方式,其收集到的图表、数据、文字、图纸、图像等,都是规划的基本依据,并且尚需对各类资料进行分类、整理、分析、研究,从中得出需要在规划设计中解决的一系列问题。这一过程也是规划设计方案开始的第一步。

2)社会经济背景资料调研

社会经济是制约城市规划和城市建筑的关键因素,在进行规划设计之前,首先应对当地的城市经济发展、社会基本情况、文化背景等进行调查和了解,这些因素是直接影响城市发展与兴衰的动力性因素。如一个城市的产业结构是决定城市性质的主要依据;国民生产总值、财政收入等决定城市建设发展速度,而城市人口的变化是城市规模、城市化进程的主要指标;还有城市商业服务水平、交通运输能力、文化教育、卫生环保等资料,都是进行城市规划必不可少的重要依据与条件。对这类基础资料的调查一般分为两个层次:一是历史发展与现状,二是相应的城市社会经济发展规划。通过对一定时期历史资料、数据的纵观分析,可以直观地看到城市发展各个时期内在动力因素变化与城市规划建设的对应关系,也可以由此对城市未来发展提出更合理、更切合实际的方案和构想;现状是城市历史发展与未来发展过程中的一个采样点,在这个关键点上反映出的问题,也就是我们要在下一阶段规划中需要解决的问题,而对城市规划起指导性或参考性的社会经济发展规划更是需要在调研时详细调查和了解的。其具体的形式有五年计划,如"八五计划""九五计划";十年计划,如"十年发展长远规划"及各行业、各系统的经济发展计划与指标。在这些计划中有许多重大项目是需要通过城市规划落实、实施的,脱离这些基础,城市规划仅仅是"纸上谈兵"。当然,在当前的市场经济背景下,计划有时跟不上变化,因此在社会经济的发展上,仍需从城市发展及城市建设的角度进行大量科学的预测,以使城市规划更具有适应性和超前性。

3)相关管理机构、体制及其工作程序的了解

要进行城市规划相关资料、数据等调研、收集工作,首先就应当了解和掌握管理资料的机构,而且在进行实际项目规划设计时,与有关部门的协调、交流也是不可缺少的。尤其是在城市总体规划涉及范围广、调研内容繁多的项目规划任务中,几乎与城市建设有关的机构和部门都是调查、了解情况的对象,如规划局、建设委员会不但是工作合作、指导、检查的职能机构,也是收集资料的主要渠道;其他行政、系统管理部门也是主要的资料来源和渠道,如在交通局和交通、车辆管理部门可以了解到城市道路桥梁等交通设施及车辆拥有量历年变化、发展的情况和发展计划,甚至重要路段交叉口的交通流量等技术数据;在公安局、派出所户籍管理机关,可以收集到详尽的城市人口资料,包括年龄、性别、职业等多种构成数据;在城市统计部门和村镇的经管科等部门,可以直接得到有关的城市建设各行业的基本数据及历史发展状况;政府机构中的土地局、教委、卫生局、环保局,以及各系统工程建设管理中的供电、供水、供热、燃气、通信等部门和公司都是了解相关资料与情况的主要部门。

对不同的规划项目,也应了解委托人、投资者、建设者和使用者等各自的权利、义务与要

求,这些因素往往是决定规划方案成功与否的关键,各类型规划项目的报批程序、层次、要求也不尽相同,这也是影响规划方案的重要因素之一。总之,对城市规划管理等相关部门、机构的深入了解,无论对调查研究,还是规划设计都是极其重要的。

25.4.3　调研的基本方法

调查研究是城市规划工作的基本内容之一,也是规划人员应具备的一种工作能力。调研工作首先应遵循两点原则,即实用性原则和真实与准确性原则。由于涉及城市规划的资料非常繁杂,不可能取其所有,所以要求在调研之前,针对规划项目要求拟订出详细的调研计划、提纲及各种表格条目,按需索取,尽量拿到有可靠依据的第一手资料,注重数据、文字的出处,重要的数据与情况得经过核实或权威机构认可,保证调研结果的正确性和科学性。在调研工作中要做到眼明、腿勤、手快和多问、多想、多观察。踏勘、联系要不惜多走路,看到的、听到的要尽量记录清楚,以防过后遗忘;对调查的内容不懂就问;对拿到的资料要动脑筋思考、分析,加深对情况的了解与认识。针对不同类型的课题,应采用不同的调研方法,一般常用的方法有如下几种:

①查阅。通过图书、资料、档案、报刊以及计算机网络查找、浏览、阅读、摘录、复印有关课题的相关信息、资料。

②参观考察。对同类型的设计成果,已投入使用的项目进行实地考察,增强感性认识,明确设计的目标和最终成果,同时了解使用情况,尤其是成功与失误的地方。

③现场踏勘。对规划区域地段要充分了解、认识,包括周边地形、地物及各种影响条件,对现状的了解要形成头脑中深刻、准确、全面的印象,这是构思成功方案的前提。

④问卷调查。对于一些需要大众参与意见的设计项目,应以问卷的形式选择不同的人群进行民意测验,问卷的形式最好简捷明了,以通俗易懂的表格化问题为主,并且尽可能给出可选择的答案,以提高问卷的回收率和可用性。

⑤访谈与咨询。针对待定的人物进行访问、咨询、讨论和研究等形式的调查,如居住区的居民、公园游人、街道上的行人、管理人员、专业人士等,问卷问题一般是影响方案的意向、抽样数据或系统资料交流等有关内容。

⑥调研成果整理与应用。通过大量多方调研,会收集到许多资料,应按最初拟订的调研提纲将其分类、归纳、整理,再经过分析,即可以得出初步的结果或提出下一步工作需解决的问题。这个过程的工作应形成完整的调研报告,其形式依课题不同而有所不同,如理论研究型的专题报告、工程型的专项报告、应用型的图表,以及像总体规划中的城市基础资料汇编等。

总之,调研结果应该是明确的,并且为下一步研究设计提供切实可用的资料。

25.4.4　实习注意事项

①实习之前应对毕业设计任务书进行仔细研究,弄清设计的地形、环境、规模、特点、功能及需要解决的主要问题,摸清需要在实习中解决的疑难问题和基础资料。熟练掌握社会调研的基本方法和过程,掌握收集资料和对信息资料进行归纳整理的方法。

②实习调研应以与设计课题有关的对象为主,同时还应扩大范围,进行综合性的参观考察,以增加实感、加深体验、启发构思。要求重点考察两处以上同类建筑和城市环境,要求对

建筑整体到细部、室内外环境评价、建筑技术、用地、交通、投资、收益等方面进行全面的调查研究。

25.4.5　实习纪律要求及安全注意事项

①联系考察工程,应遵守工程所属单位的各项规章和保密制度。

②爱护工程实体和工程图纸,不得损坏、污染。

③尊重考察工程所属单位人员,虚心求教。

④树立"安全第一"的观念。如进入工地参观考察,必须戴好安全帽,注意现场的不安全隐患,提高安全意识,以保证实习安全。

25.4.6　实习报告内容要求

毕业实习结束后学生按照毕业实习大纲的要求内容,对毕业实习的全过程进行分析总结,大致内容要求如下:

①整个毕业实习的安排情况。

②毕业实习的概况。

③个人的主要实习内容。

经过总结整理后主要写出以下内容:

报告中要反映出所参观和调研的工程项目的基本情况,并对其中至少两个国内外优秀工程设计方案以及所选毕业设计工程项目进行评价与分析(需要绘出所评价的规划设计方案的相关分析图)。基本要求与规格详见附件一。

④实习报告在实习结束后 1 周内上交。

25.4.7　考核方式

指导教师根据学生实习工作态度、完成任务情况、实习报告等方面的情况综合评定,给出学生毕业实习的成绩。其中,实习态度占 20%,完成任务情况占 30%,实习报告占 50%。

第26章 毕业设计（论文）

26.1 毕业设计（论文）的概念

1）毕业设计

毕业设计，是指高等学校有关技术科学专业的应届毕业生，针对某一课题，综合运用本专业有关课程的理论和技术，作出解决实际问题的设计。

2）毕业论文

毕业论文，是指高等学校的应届毕业生，针对某一课题，综合运用自己所学专业的基础理论、专业知识和技能（包括课堂教学互动过程中学到的、查阅文献资料获得的、社会调查和科学实验中取得取的），写出阐述解决某一个问题的文章。

对于城乡规划专业来说，它具有土建类学科、地理类学科、社会科学类和管理类学科等多学科交叉背景，涵盖区域发展与规划、城市规划与设计、乡村规划与设计、社区发展与住房建设规划、城乡发展历史与遗产保护规划、城乡规划管理等内容。因此，其毕业设计（论文）一般可分为工程设计和论文研究等。

26.2 毕业设计目的

毕业设计（论文）是对学生在校期间所学专业综合技能的全面训练，是把基础知识、专业知识和相关知识综合运用，解决实际问题的一次综合考核，是培养学生初步独立进行规划设计和科学研究能力的一个重要过程，也是大学生完成本科学习、走向社会实际工作岗位前的最后一个教学环节。通过毕业设计（论文），学生综合运用知识能力和独立工作能力将得到全面的提高。因此，毕业设计（论文）的目的是以下几个方面：

①巩固和深化学生课堂学习和训练的成果。

②较系统地锻炼学生独立思考、独立工作的能力，初步训练从事科学研究的技能。

③使学生掌握选题，查阅文献资料，进行调查研究和试（实）验的方法。

④提高学生综合运用知识、技能分析、解决问题的能力。

⑤培养学生制订设计方案或试（实）验方案的能力。

⑥提高学生进行技术经济分析、空间设计、绘图和使用规范、标准、工具书以及成果表达、写作能力。

⑦增强学生组织协调、沟通交流的工作能力。

⑧激发学生的研究、创新的兴趣，使学生受到一次科学研究规范的基本训练。

26.3 毕业设计（论文）步骤与时间安排

毕业设计（论文）的教学过程一般可分为准备阶段、现场调研（又称"毕业实习"）阶段、方案设计或论文研究阶段、答辩及提交最后成果阶段等 4 个阶段,其时间过程也是从第 9 学期末(5 年制)至第 10 学期结束。具体内容及时间安排见表 26.1。

表 26.1　毕业设计(论文)教学内容与时间安排表

序号	阶段	教学内容	时间安排*
1	准备	学生分组、落实每组指导老师、选题、下发任务书、准备好现场调研	第 9 学期,第 15 周至第 17 周
2	现场调研	现状实习,包括现状考察、访谈、资料收集	第 9 学期,第 18 周至第 20 周
3	方案设计或论文研究	现场资料整理分析、图书文献等资料查阅。 学生开题,确定设计内容或论文大纲。初步设计或研究分析资料,提炼问题,提交初步成果。 中期检查,提交中期成果。 终期检查,提交终期成果	第 10 学期,第 1 周至第 14 周
4	答辩与成果提交	准备答辩、答辩、材料归档	第 10 学期,第 15 周至第 16 周

备注:＊由于每轮的教学周期均不同,具体的时间安排依据每轮的教学计划确定。

26.4　毕业设计(论文)选题的程序、基本要求和类型

26.4.1　选题的程序

当前,毕业设计(论文)的选题来源较多,有教师主持或承担的各级各类研究课题、社会委托的规划设计项目,有学生申报的各级(类)创新基金项目,有学科竞赛题目等。但由于选题直接影响毕业设计的内容,而且是毕业设计能否达到目的与效果的基本前提。因此,选题一般是由指导教师提出,并填写选题申请表(见表 26.2)上交至系或教研室,系或教研室组织教师讨论通过后报告学院主管院长审批确定,再下发给学生,由其根据自己的兴趣、专长或就业需求进行选择。期间学生也可以参与其中,但要以教师的意见为准。

表 26.2　江西理工大学本科毕业设计选题申请表

指导教师			职称			性别		
专业、方向								
学生姓名			专业			班级		
申请设计(论文)题目								
课题性质	A	B	C	D	E	来源	A	B	C	D	E

续表

课题简介(背景、目的、意义)						
课题要求(技术要求、应具备的条件)						
预计工作量大小	大	适中	小	预计难易程度	难	一般	易

申请学生意见：

学生(签名)：　　　　年　月　日

注:1. 本表为学生选择本科毕业设计(论文)题目时专用,由指导教师填写前面内容,学生签名后生效;

2. 有关内容的填写见背面的填表说明,并在表中相应栏内打"√";

3. 各学院可根据具体情况在此表格基础上扩展;

4. 本表正反面打印,一式两份,指导教师保存一份,学生放入毕业设计资料袋中一份。

填表说明

(1)"课题性质"一栏：

理工类：　　　　　　　　　　　经管文法类：

A. 工业(工程)设计；　　　　　A. 理论研究；

B. 工程技术研究；　　　　　　B. 调查报告；

C. 理论(应用)研究；　　　　　C. 综述；

D. 软件开发；　　　　　　　　D. 其他。

E. 其他。

(2)"来源"一栏：

A. 结合指导教师的科研课题；

B. 结合指导教师收集的生产实际或工程设计课题；

C. 结合课程或实验室建设课题；

D. 结合国家现代化建设课题；

E. 自拟课题。

26.4.2 选题的基本要求

1)面向社会,注重实践,强化知识应用能力

社会的需求就是培养人才的目标,所以毕业设计应尽可能真题真做。真实的课题不仅使学生能够主动地综合应用知识,更重要的是让学生接触真实的设计条件与环境,并且通过

与甲方接触的汇报、讨论过程,进一步了解有关城市规划管理、运作、实施等许多环节的情况,为学生走向工作岗位奠定良好的实践基础。真实的课题所涉及的规划理论方法和政策法规等都极具现实性、应用性,包括像城市设计、景观规划等理论中一些涉及学科研究前沿的内容,是学生接触或初步进行科学研究的良好时机。

2)注重专业理论知识的应用

要求学生对城市规划理论的发展及主要指导性理论有所认识与了解,尤其是可持续发展理论、生态学理论及城市建设经济学理论对城市规划的影响,这些都是确定规划设计指导思想的主要依据。

3)体现当前城乡规划的政策、法规的实际应用

深入了解国家、地方有关城市规划的法律、法规是保证城市规划设计科学性、政策性、经济性、合理性和可操作性的关键。在城市规划法律、法规逐渐完善和健全的形势下,具有创新意识的,并且又符合法律、法规的方案才能被采纳并实施,否则,再理想的设计也只能是纸上谈兵。

4)外语能力的训练与提高

在毕业设计中结合选题与类型,要求学生查阅一定的外文资料,尤其是一些较新的国外同类型课题的资料。通过查阅外文期刊、杂志,对学生的外语水平,尤其是专业外语是一种非常有效的训练;此外,在毕业论文中做英文摘要也是对学生外语应用能力的考查。

5)注重计算机技术、信息技术等多种技术的应用

在科学技术突飞猛进的当今时代,计算机技术和信息技术已成为一种不可缺少的研究、设计和表达工具。如计算机辅助设计,利用 GIS 进行数据统计、计算、分析,3D 渲染与建模等计算机的应用已成为一种最基本的技能。通过毕业设计,学生的计算机操作能力也将得到很大的提高。

26.4.3　毕业设计(论文)选题的基本类型

1)毕业设计选题

毕业设计选题以具体的规划设计项目为对象,针对毕业设计,一般有如下几种类型。

(1)城乡总体规划

以中、小城市或县城、乡镇为主要对象,按照国家关于城市或乡镇总体规划的要求对实际目标城市进行调研、收集基础资料、归纳分析、提出问题,然后确定城市性质、规模,并对城市各项用地及各系统做出统筹布局与规划。这类课题往往需要以工作小组的形式合作进行,其中,每个参与毕业设计的学生又有自己一项或多项独立完成的工作,这类课题有利于培养城乡规划专业学生的协作精神和集体意识。

(2)分区规划

对于大城市、特大城市或者形态特殊的城市,分区规划作为总体规划的进一步深化细化,对总体规划与详细规划有承上启下的作用。分区规划的主要工作对象是城市中某一个特定区域,对于毕业设计而言,其工作的内容与深度接近一个中小城市的总体规划,但其工作的侧重点更多的是则完善城市总体规划意图,细化区域内部各功能组成。通过分区规划有利于学生更深刻地理解城市总体规划及城市多层次构成的内在机制,掌握分区规划的基本工作内容与意义,并且培养一定的团队协作精神和独立工作能力。

（3）详细规划

针对某一具体设计课题,如景区规划、居住区规划或城市中心广场规划等,以方案设计为主要工作内容,在完成方案的同时编写设计说明及各类经济技术指标、造价等文件。这类课题是学生在课程设计中接触较多的类型,但作为毕业设计,更重要的是注重培养学生独立思考和独立工作能力,并且要求在方案设计上有较强的创新性和表达学生对解决问题的独立见解。详细规划有两个不同的工作阶段,分别为控制性详细规划和修建性详细规划。详细规则是实施城市规划的一个重要工作环节。

（4）城市设计

城市设计工作的重要内容是城市的形态和建筑形体环境,其有别于传统规划方式的出发点、视角及成果表达,是对城市规划的发展和推进,尤其是城市规划学科迅速发展时期,中国城市设计的理论与方法已经被逐渐应用于从城市总体规划到建筑设计的各个方面,对城市设计理论与方法的学习与训练是创造城市规划新思维的一种推动力。

（5）各类专项规划

各类专项规划包括有概念规划、历史文化保护规划、城市更新规划、社区规划、住房发展规划、消防专业规划、教育网点布局规划、旅游发展规划等。各类专项规划是城乡总体规划的重要组成部分,也是详细规划的重要依据,是落实总体规划和国家有关法规政策的重要路径。通过各类专项规划的编制实践,一方面有助于学生掌握专项规划的编制方法和技能,另一方面有助于学生深化对城乡规划和城乡社会经济的理解,提高解决实际问题的能力。

2）毕业论文选题

论文型课题以科学研究为主要内容,成果形式以论文为主,目的是提出并阐明某种科学结论、观点,或者是提出有关城市规划设计、管理或实施等方面的指导原则及操作方法,这类课题的工作内容主要有以下几个方面:

（1）理论研究

针对城乡规划相关理论或相关学科理论,进行总结、归纳和论证,得出新的或具有研究价值的观点、理论或理论应用性结论,一般应在传统理论的某一观点或分支上扩展、深化,或者对当前理论界探讨的新问题做出科学论证,最终的结论应有一定的创造性。

（2）城市问题调研

针对城市建设中某些亟待解决的现实问题,进行调查研究,在收集大量相关资料的基础上,分析问题的起因、寻找问题根源、提出解决问题的思路和方法,如居住区外环境中居民活动需求调查、城市健身活动场所分布与使用调查类型课题,其形式以调研报告为主,主要内容应以所提出问题的资料调查、整理分析为主,并且提出具体方案。

（3）建设项目可行性论证

针对一些大中型的城市建设项目,应从经济效益、社会效益及环境效益 3 个方面综合评价和预测,对于涉及城市规划的项目,往往也要做 1~2 个比较性意向方案。通过拟建项目对环境的影响预测,对社会的综合效益进行分析、论证,并通过对建设费用与效益的详细推算作出综合的可行性评价,同时针对具体的实施计划与方案提出建议,其成果形式为项目可行性研究报告,如某风景区缆车项目可行性研究、某步行街改造项目可行性研究等。

(4)专项研究

针对城市建设中某一项具体工程进行全面的研究,从立项的意义、作用到规划设计方案、实施、管理等各阶段工作的统筹安排,如城市绿地与开放空间系统规划研究,城市风貌特色规划研究等课题。

26.5 确定设计(论文)任务书与资料准备

26.5.1 确定任务书

学生在毕业设计(论文)选题确定后,必须进一步明确具体的设计或研究任务,其格式见表 26.3,其主要内容包括题目、设计依据、主要内容与要求、工作时间安排等。设计任务书主要由指导教师依据选题、毕业设计教学大纲和教学计划安排编写完成,签字确认后下发给学生。其中日程安排包括起讫日期、周次;各设计阶段名称及其占工作量的百分比,各设计阶段的详细项目及其占工作量的百分比;检查周次;检查结果及学生完成设计工作的程度。学生接到设计任务书后、要认真了解设计目的、依据、内容和基本要求。

表 26.3 任务书格式
江西理工大学
本科毕业设计(论文)任务书

学院	专业	级(	届)	班	学号	学生

题目:

专题题目(若无专题则不填):

原始依据(包括设计(论文)的工作基础、研究条件、应用环境、工作目的等):

主要内容和要求(包括设计(研究)内容、主要指标与技术参数,并根据课题性质对学生提出具体要求):

日程安排:

主要参考文献和书目:

指导教师(签字):

年   月   日

注:本表可自主延伸,各专业根据需要调整。

26.5.2　资料准备

毕业设计题目的资料准备包括文献资料和现场资料的准备,主要通过查阅文献和毕业实习等渠道进行收集。其中文献资料包括与题目有关的专业论文、论著、案例、国家规范与技术标准、工具书等,这些资料一般可在学校图书馆和专业资料室查阅;现场资料包括规划设计区所在地自然、社会、经济、用地、交通等一系列资料,这些资料主要通过毕业实习获得。详细内容与要求参见"毕业实习"章节内容。

26.6　规划设计

26.6.1　开题报告的编写

开题报告是指开题者对毕业设计(论文)选题及任务书的文字说明材料。开题报告是随着现代科学研究活动计划性的增强和科研选题程序化管理的需要而产生的。即选题者把自己所选的课题的概况(即"开题报告内容"),向有关专家、学者、科技人员进行陈述,然后由他们对科研课题进行评议并确定是否同意这一选题。

毕业设计(论文)开题报告的内容一般包括题目、理论依据(选题的目的与意义、国内外研究现状)、研究方案(研究目标、研究内容、研究方法、研究过程、拟解决的关键问题及创新点)、设计(论文)大纲、起止时间及参考文献等(详见表26.4)。

在开题报告的编写中,就是要说清楚选了这个题目之后如何去解决这个问题,即有了问题你准备怎么去找答案。其考虑的主要内容包括以下几个方面:

①设计或研究的目标。只有目标明确、重点突出,才能保证具体的设计或研究方向,才能排除研究过程中各种因素的干扰。

②设计或研究的内容。要根据设计或研究目标来确定具体的内容,要求全面、翔实、周密,如果内容笼统、模糊,甚至把目的、意义当作内容,往往会使设计或研究进程陷于被动。

③设计或研究的方法。选题确立后,最重要的莫过于方法。假如对牛弹琴、不看对象地应用方法,错误便在所难免;相反,即便是已设计或研究过的课题,只要采取一个新的视角,采用一种新的方法,也常能得出创新的结论。

④创新点。要突出重点,突出所选课题与同类其他研究的不同之处。学生编写完开题报告后,在指导教师同意下,即可进行具体的设计或研究。

表 26.4

江西理工大学

本科毕业设计（论文）开题报告

学院　　专业　　级（　届）　班　　学号　学生

题　目：

专题题目（若无专题则不填）：

本课题来源及研究现状：

课题研究目标、内容、方法和手段：

设计（论文）提纲及进度安排：

主要参考文献和书目：

指导教师审核意见：

指导教师（签字）：　　　年　　月　　日

26.6.2 确定设计方案与图纸表达

1）确定设计方案

确定设计方案就是完成毕业设计任务书中所确定的设计内容。经过此前4年半的理论学习与实践教学,学生对城乡规划专业各专项内容已经具备了基本能力与技能,因此在毕业设计中重要的是如何综合运用所学的知识来解决综合性的问题。一般来说,确定设计方案包括以下几个过程:

①明确任务目标;

②进行现状分析;

③空间结构分析;

④用地功能布局;

⑤其他专项规划;

⑥方案评价。

2）图纸表达

图纸是规划师的语言,是规划成果的主要表达方式。设计图纸必须要能较好地表达作者的设计意图。一是,图纸要符合城乡规划制图规范与标准,如图框要素要齐全,颜色、线型要与用地性质和图面表达一致,具体可见《城市规划制图标准》(CJJ/T 97—2003);二是,图纸的内容要与图名相符,表现要清晰、准确,图面要整洁、干净;三是,图纸的数量要与设计任务书所确定的一致。

26.6.3 设计文本编写

1）设计文本的界定

城乡规划文本是指由城乡规划机构编制的反映城乡规划的基本原则和具体内容,如规划结果、措施、责任和义务。狭义上讲,规划文本就是指规划的文本文件。

2）设计文本的特点

（1）内容的法制性

①体现国家的意志并以国家的强制力保障其实施。所谓国家意志,在我国就是人民的意志。只有真正体现了广大居民的集体意志,表现了真正的人民性的文本才称得上具有权威性。

②文本的编制,在内容上要有法律依据,不可有任何的随意性。城乡规划文本必须在不与宪法、法律(城乡规划法和其他各项法律)、行政法规和地方性法规相抵触的前提下,按照法定程序进行编制。

③城乡规划文本的内容要与一切法律、法规协调,能够起到共同规范的作用。规划文本不能仅仅从本身的需要出发,也不能仅仅从规划的技术要求出发,而是要从规划实施的社会行为要求角度来建构规划文本的内容,并且与其他的社会行为相协调。

④规划文本要具有切实的可行性,也就是要从实际出发,对规划内容的实施的客观条件进行全面考虑,只有保证了必要性和可行性的结合,规划文本才能起到法规性文件的作用。

（2）条法的体例性

与任何法规、规章性文件一样都有严格的条法体例性,为了便于记忆、引用、查找,规划文本一般都采用条款表述法。因此，规划文本应当结构严谨，内容系统完整，不仅要符合逻辑，而且还要符合条法的体例标准。也就是说，层次的安排要从立法的目的、依据、使用范围、管理机关、规划管理内容、奖惩办法等方面有顺序地排列，而且为了条理清楚，还要使用数字标项。在规划的内容，也就是规划文本的主体——实施条款方面，应当是以列举法罗列出各项内容，即允许做什么，怎么做和（或）不允许做什么，如果做将采用什么措施等的具体规定。对于有条件允许的内容，应当详细规定这些条件是什么以及相应的程序。

（3）语言的严密性

法规和规章类的文件都是在一定范围内对人们的行为进行规范的准则，因此，语言表达一定要周密严谨，要求庄重、朴实、准确、简练。少叙述、少议论，多用结论性的语言。

3）城乡规划文本的内容、形式及表达

（1）文本内容及形式

①文本体例。规划文本应由文本正文及附录构成，附录包含附表等。文本写作不应与科技论文体例通用。文本章节编制体例应参照《中华人民共和国立法法》第五十四条规定。文本内容分条文书写，冠以"第几条"字样，每条应当包含一项规定，可以分设款、项、目。款不冠数字，项冠以（一）、（二）、（三）等数字，序号后不再使用标点，目冠以1、2、3等数字，数字后面用小圆点。条、款、项、目均应当另起一行空二字书写。数字外面如果有括号或圆圈，后面就不再加标点。文本语言应简洁、精练。

禁止以下文本写作方式：照搬说明书，大量描述现状及计算过程，大量分析性内容充斥文本，标题与内容不一，以标题代替内容，文学性描述等。

②文本结构。文本结构应采用《城市规划编制办法实施细则》及相应的其他有关要求规范和标准执行。

例一：城市总体规划的文本

第一章 总则（说明本次规划编制的根据）

第二章 城市发展目标

第三章 市（县）域城镇发展

——城镇发展战略及总体目标

——预测城市化水平

——城镇职能分工、发展规模等级、空间布局、重点发展城镇

——区域性交通设施、基础设施、环境保护、风景旅游区的总体布局

——有关城镇发展的技术政策

第四章 城市性质，人口及发展规模

第五章 城市土地利用和空间布局

——确定人均用地和其他有关技术经济指标，注明现状建成区面积，确定规划建设用地范围和面积，列出用地平衡表

——城市各类用地的布局，不同区位土地使用原则及地价等级的划分，市、区级中心及主要公共服务设施的布局

——旧区改建原则，用地结构调整及环境综合整治

——郊区主要乡镇企业、村镇居民点以及农地和副食基地的布局，禁止建设的绿色控制

范围

第六章　　城市道路与交通规划

第七章　　城市给水与排水规划

第八章　　城市电力电讯规划

第九章　　城市绿地系统规划

第十章　　历史文化保护规划

第十一章　城市防灾减灾规划

第十二章　城市环境卫生与环卫设施规划

第十三章　近期建设规划(包括基础设施建设、土地开发投入、住宅建设等)

第十四章　实施规划的措施

例二：控制性详细规划文本的要求

第一章　　总则(制定规划的依据和原则,主管部门和管理权限)

第二章　　土地使用

第三章　　建筑规划管理通则

——各种使用性质用地和适建要求

——建筑间距的规定

——建筑物后退道路红线距离的规定

——相邻地段的建筑规定

——容积率奖励和补偿规定

第四章　　市政公用设施配置和管理要求

第五章　　交通设施的配置和管理要求

第六章　　地块划分以及各地块的使用性质、规划控制原则、规划设计要点

第七章　　各地块控制指标一览表(控制指标分为规定性和指导性两类)

(2)城乡规划文本的表达

①准确。文本准确包括用词准确、句子的表述准确、结论及其前提准确。

②严谨。文本严谨包括对词语作恰当的限制,注意正确定义,慎用模糊语。

③庄重。文本中应运用现代书面语,不用口语,恰当地选用至今仍有生命力的文言词语,不用俗语、谚语、歇后语、方言等,更不制造悬念,做渲染夸张,以保证其语言的庄重特点。

④精练。文本要注意选用专用的词语和有生命力的文言词语,注意运用短句、省略句,注意运用文体程式,直述内容,删繁就简,力避重复。

⑤平实。文本要多讲事实,少说空话;直接表述,不需蕴含;少用形容词、修饰语,不滥用修辞方式。

26.6.4　说明书的编写

说明书,是以应用文体的方式对某事或物进行相对的详细描述,方便人们认识和了解某事或物。对于城乡规划而言,说明书是城乡规划编制成果的重要组成部分,是对规划文本内容的具体说明和解释,主要是阐述规划设计内容的合理性,即通过技术规范和专业知识来说

明这样规划和建设的原因和希望达到的目的。让读者不仅知道"是什么",而且知道"为什么是这样"。

说明书的框架与文本的框架基本相同,部分内容可以是重复的,只是说明书的内容要尽量具体和深入。如人口问题,在文本中只要写上人口规模就行,但在说明书中必须要有人口规模预测的整个过程,包括历年人口资料、所用的预测模型、分析讨论的结果等。

26.7　毕业论文的基本内容和基本要求

26.7.1　毕业论文的基本内容

1)结构要求

学位论文应采用汉语撰写(外语专业除外),装订程序依次为:①封面;②任务书;③开题报告;④中英文摘要及关键词,⑤目录;⑥正文;⑦附录;⑧参考文献;⑨外文资料;⑩致谢;⑪小论文。

2)封面、任务书、开题报告格式

封面、任务书、开题报告格式见相关附件。

3)中英文摘要

中文摘要一般在 400 字以内,关键词一般为 3~7 个,语言力求精练。摘要、关键词均要有中英文。字体为小四号宋体,各关键词之间要有分号。英文摘要应与中文摘要相对应,字体为小四号 Times New Roman。

4)目录

"目录"二字用三号字、黑体、居中书写,"目"与"录"之间空两格。目录的各章节应简明扼要,其中每章题目采用小三号宋体字,每节题目采用四号宋体字。要注明各章节起始页码,题目和页码间用"…………"相连。

5)正文

正文是毕业设计(论文)的主体,应占据主要篇幅。正文文字一般不少于 10 000 字。

在正文中,如果有个别名词或情况需要解释时,可加注释说明。注释说明要求一律采用页末注,而不是行中注和篇末注。在同一页中有两个或两个以上的注释时,按先后顺序编注释号,采用阿拉伯数字,编在右上角,如"×××[1]",隔页时,注释号需从头开始,不得连续。注释内容当页写完,不得隔页,采用小五号宋体。

6)附录

另起一页。附录的有无根据说明书(设计)情况而定,内容一般包括正文内不便列出的冗长公式推导、符号说明(含缩写)、计算机程序等。"附""录"中间空两格、四号字、黑体、居中。附录中有程序源代码的因篇幅限制可酌情考虑内容的序号。

7)参考文献

只列出在正文中被引用过的文献资料,本专业教科书也可作为参考文献。除个别专业外,一般应有外文参考文献。参考文献要另起一页,一律放在正文后,在文中要有引用标注,如"×××[1]"。参考文献一般不应少于 20 篇(必须是文章中真实引用的)。

根据《中国高校自然科学学报编排规范》(详见附件)的要求书写参考文献,并按顺序编码制,作者只写到第三位,余者写"等",英文作者超过 3 人写"et al"(斜体)。

几种主要参考文献著录表的格式为：

①期刊类(J)：作者. 篇名[J]. 刊名，出版年份，卷号（期号）：起止页码.

②专著(M)：作者. 书名[M]. 出版地：出版社，出版年份：起止页码.

③论文集(C)：作者. 篇名[C]. 出版地：出版者，出版年份：起止页码.

④学位论文(D)：作者. 篇名[D]. 出版地：保存者，出版年份：起止页码.

⑤专 利(P)：申请者. 专利名[P]. 国家. 专利号，授权日期.

⑥技术标准(S)：发布单位. 技术标准代号. 技术标准名称. 出版地：出版者，出版日期.

8）致谢

"致谢"二字中间空两格、四号字、黑体、居中。内容限一页，采用小四号宋体。

26.7.2 毕业论文的基本要求

1）语言表述

要做到数据可靠、推理严谨、立论正确。论述必须简明扼要、重点突出，对同行专业人员已熟知的常识性内容，尽量减少叙述。

论文中如出现一些非通用性的新名词、术语或概念，需做出解释。

2）标题和层次

标题要重点突出，简明扼要，层次要清楚。

3）页眉和页码

页眉从正文开始，一律设为"江西理工大学 2014 届本科生毕业设计"，采用宋体五号字体居中书写。

页码从正文开始按阿拉伯数字（宋体小五号）连续编排，居中书写。

4）图、表、公式

（1）图

①要精选、简明，切忌与表及文字表述重复。

②图中术语、符号、单位等应同文字表述一致。

③图序及图名居中置于图的下方，用五号字宋体。

（2）表

①表中参数应标明量和单位的符号。

②表序及表名置于表的上方。

③表序、表名和表内内容采用五号宋体字体。

（3）公式

①编号用括号括起写在右边行末，其间不加虚线。

②公式中的英文字母要有一行的间距，公式与正文之间不需空行；文中的图、表、附注、公式一律采用阿拉伯数字分章编号。若图或表中有附注，采用英文小写字母顺序编号。

5）量和单位

要严格执行量和单位的有关规定（具体要求请参阅《常用量和单位》，计量出版社，1996）；物理量用斜体，单位用正体。

单位名称的书写，可以采用国际通用符号，也可以用中文名称，但全文应统一，不要两种混用。

6）标点符号

注意中英文标点符号的区别，不能混用。

7）打印规格

统一使用 Word 字或与 Word 兼容处理软件打印，一律采取 A4 纸张，页边距一律采取默认形式（上下 2.54 cm，左右 3.17 cm，页眉 1.5 cm，页脚 1.75 cm），行间距取多倍行距（设置值为 1.25）；字符间距为默认值（缩放 100%，间距为标准）。

8）印刷与装订

论文可单、双面印刷；为使全校论文整齐美观，最好到附近打印店装订。

论文装订袋到学校后勤产业集团教材中心统一购买。

注：①不符合上述规定的论文（除学院另统一格式外），不能参加答辩，不能参加校优秀论文的评选；

②凡涉及填写学院和专业名称时，要求使用全称，并且各学院要统一。

26.8　毕业设计成果

毕业设计深度和成果数量必须满足教研室指导小组制定的《设计题目规范》（见附件 2），具体的要求由各指导老师确定。一般每名学生的毕业设计成果应包括设计图纸、文字材料和其他 3 项内容。

26.8.1　设计图纸

设计图纸中必须不少于 2 张 A1 大小的展板及不少于 1 张 A1 大小的手绘图（徒手表现，上色，本设计的快速表现），其他图纸具体详见各类规划的要求；所有图纸应标明设计课题、图纸序号、专业班级、学号、姓名以及指导教师姓名。

26.8.2　文字材料

①毕业设计任务书：包括设计题目、设计的研究内容和任务要求、进度安排、主要参考文献等。

②文献综述：包括国内外现状、研究方向、进展情况、存在问题、参考文献等，字数在 5 000 字以上。

③调研报告（基础资料汇编）：包括宏观、中观、微观地区位分析、设计地块的基本情况及现状问题分析，以及对上位规划相关要求的解读等，字数在 5 000 字以上。

④毕业设计开题报告：包括选题背景和意义、国内外研究现状和发展动态、研究的内容及可行性分析、拟解决的关键问题及难点、研究方法、毕业设计的进度安排，字数在 3 000 字以上。

⑤设计说明书：字数在 6 000 字以上，有设计文本要求的，由各指导老师详定两个部分。

格式要适用于《江西理工大学本科生毕业设计（论文）撰写规范》中有关毕业论文条款的规定，字数要求以本细则为准。

26.8.3　其他

其他指含毕业设计全部成果的光盘。

毕业论文定稿后，指导教师要会同学生将毕业论文电子文档报送教研室收集审核，由教研室统一汇总到学院。同时,电子文档论文应在电子介质及包装上依次标示论文题目、学号、学生、指导教师。

26.9 毕业论文的评阅、答辩和成绩评定

26.9.1 评阅

学生完成毕业设计(论文)撰写后除指导教师进行审阅外,还须经同行专家(或教师)对毕业设计(论文)进行评审。审查的主要内容有:学生掌握基础理论、基本技能和专业知识等综合应用情况;文字表达、计算与结果的分析等方面所应达到的水平;毕业设计(论文)的质量和在完成过程中的能力及表现情况。评语不少于150字。

指导教师要对学生进行全面考核,填写导师评语和评定成绩。评语要明确、具体,避免千篇一律,评语不少于200字。评审专家(教师)评审后,填写评审意见,审定成绩。考核和评审的主要内容有以下几个方面:

①学生是否较好地掌握课题所涉及的基础理论、基本技能和专业知识。

②学生是否具有从事研究工作或担负专门技术工作的初步能力。

③学生是否按任务书所提出的要求及时间,独立完成了毕业设计(论文)各环节所规定的任务。

④毕业设计(论文)完成的质量和在完成过程中所表现的创造性和工作情况。

⑤答辩情况,独立工作、独立思考、组织管理能力,文字及口头表达能力,与他人合作交往能力等。

⑥学习态度,毕业设计(论文)中所表现出来的工作、学习纪律情况。

26.9.2 答辩

本科毕业设计(论文)必须进行答辩。答辩工作由各专业成立3～5人组成的答辩小组组织实施。

1)答辩条件

只有具备下列条件的同学,才能参加论文答辩。即按教学计划学完规定的全部课程,并取得相应的学分;按毕业设计(论文)任务要求完成了各环节的工作,经指导教师审定签字和评阅人评阅,并向答辩小组介绍。

2)答辩程序

①答辩人简要介绍毕业设计(论文)的选题原因、设计(研究)价值、主要内容和观点(15 min左右)。

②答辩组成员提问和学生答辩(15 min 左右)。

③写出答辩评语、评定成绩。

3)答辩考核的内容

答辩前,答辩小组要专门开会研究,统一答辩要求,明确评分标准等。答辩应有记录,答辩时应从5个方面综合考核学生。

①文献综述、开题报告的情况。

②学生的业务水平(包括基础理论、专业知识、外语水平、动手能力、创新能力等)。

③毕业设计(论文)的总体质量(包括选题、总体思路、方案设计、内容方法、计算及测试结果、文字表达、图表质量、格式规范、结论正误、创新情况等)。

④答辩中自述和回答问题的情况。

⑤整个毕业设计(论文)过程中的工作态度及工作量大小等情况。

4)答辩规范

(1)开题答辩规范

①应具有的文件：

a.外文翻译。查阅相关的中、外文文献,完成外文文献翻译 1 篇(要求翻译原文内容不少于 15 000 字符,翻译后的中文不少于 3 000 字)。

b.任务书、调研报告:要求不少于 5 000 字;文献综述要求不少于 5 000 字;开题报告要求不少于 3 000 字,必要时绘图说明。

②规范：

a.外文翻译的基本要求：

• 外文翻译的原文尽可能与所做课题紧密联系,避免翻译资料选取的随意性。

• 由于外文学术论文通常篇幅较大,学生可在教师指导下截取论文的部分核心内容进行翻译,要求翻译的原文内容多于 15 000 字符,翻译后的中文多于 5 000 字。如 1 篇外文文献不能达到字数要求的,可选择翻译多篇文献。

• 外文原文要求以原始形式递交,原则上不得自行重新编辑。

• 外文翻译明显语句不通,态度存在问题的毕业设计(论文),不得参加答辩。

b.毕业论文开题报告的结构：

• 选题背景介绍。

• 研究现状。

• 论文研究目的、意义及方法。

• 研究的基本内容和拟解决的主要问题。

• 研究工作的步骤与进度。

• 主要参考文献。

③监督工作：

a.指导教师每周指导时间不得少于 3 次,可根据进程要求确定每周的具体指导时间和地点。

b.指导教师负责毕业设计(论文)学生的阶段考核和日常考勤,并对毕业设计(论文)指导内容进行记录。学生应在指导教师指定地点进行毕业设计(论文)工作,因病、事请假,需征得指导教师同意。

c.毕业答辩前各学科负责组织教师完成毕业设计开题报告的评阅工作,相关教师填写指导教师意见(对课题的深度、广度及工作量的意见)。

④打分标准：

a.外文翻译:见江西理工大学毕业设计(论文)外文资料翻译评价表。

b.开题报告:见江西理工大学毕业设计(论文)开题报告评分表。

（2）中期答辩规范

①应具有的文件：规划总平面、分析图、中英文翻译（原文及译文）。

注：无规划总平面图或中英文翻译，不得参加答辩，成绩记为零分。

②规范：

a. 学生自述10～15 min，主要介绍自己已做的工作。

b. 答辩教师提问2～3个问题。

c. 学生回答问题。

③监督工作：答辩秘书记录答辩过程。

④打分标准：依据中期检查质量评价表，同时兼顾考虑学生答辩自述过程，对设计的理解，回答问题的条理性逻辑性来打分。（参考城市规划专业开题答辩打分表）

（3）最终答辩规范

①应具有的文件（图纸）：应该具备的文件包括文本和图纸两部分。

文本应该包括附件册（课题申请、任务书、文献综述、调研报告、开题报告与答辩记录、中期报告与答辩记录、指导教师评分记录、审阅教师评分记录、最终答辩记录、外文翻译资料）、毕业设计说明两部分。

图纸数量与表现深度应该达到规划设计任务书的要求。参加正式答辩，应该打印两套图纸，一套正本，供答辩当日以及归档所用；一套副本，供评阅教师审查所用。

②规范：

a. 学生准备答辩，所有文本以及图纸等文件要求在最终答辩日期前一周结束。

b. 指导教师打分，在最终答辩日期前一周完成。

c. 评阅教师打分，独立完成，归属相对应的答辩小组，在最终答辩日期前完成；评阅教师应在答辩过程中发挥核心作用。

d. 答辩小组打分，小组成员数量与组成符合要求，个人独立打分，三人以上打分为有效，编制评分表，并按平均值确定最终答辩成绩。

e. 专业负责人审核。

f. 严格执行末尾淘汰制，保证答辩质量。

③监督工作：专业负责人负责监督最终答辩过程中各个阶段的监督检查工作。

（4）成绩评定

①毕业论文成绩组成。论文成绩占5%、指导教师评阅成绩占30%、评阅人评阅成绩占30%、答辩成绩占35%。答辩不合格者，毕业设计（论文）以不及格论处。

②评分要严肃认真，坚持标准，实事求是，力求反映学生真实的业务水平。

③总的评分要形成梯度，以正态分布为佳，优秀率控制在15%以内。

④评语标准应规范。评语内容应包括研究成果的理论意义和实践价值；论据是否充分、可靠；掌握基础理论和专业知识水平；主要优缺点等。毕业设计（论文）的评语、成绩一式两份，一份存入学生毕业设计（论文）中，一份存入学生档案。

⑤毕业设计（论文）的成绩，必须在答辩全部结束，经学院审批后（一周内），统一向学生公布。

26.10 毕业设计(论文)工作的纪律

1)要对学生的毕业设计(论文)工作进行资格审查

学生进入毕业设计(论文)阶段之前,学院要对其进行资格审查,对已修专业主干课程尚有 20 学分(含 20 学分)以上未取得者,不能进入毕业设计(论文)工作阶段,待重新学习合格后,再让其参加毕业设计(论文)工作。

2)不得剽窃抄袭他人成果和虚构编造数据、资料

学生要虚心接受教师的指导,根据毕业设计(论文)的规范化要求,认真进行准备,不得剽窃抄袭他人的成果。进行毕业设计(论文)的学生,原则上要在规定的场所工作,以便指导和考核,有设计基地的同学经指导老师的同意,在基地指导老师的配合指导下,可在设计基地完成毕业设计。

3)要严格遵守各项规章制度

必须严格遵守学校的作息制度等各项规章制度。在校外进行毕业设计(论文)工作的,必须严格遵守所在单位的规章制度。学生要按时按质、按量完成毕业设计(论文)。

4)实行考勤和请假制度

对于迟到、早退以及旷课的学生,除进行批评教育外,其迟到、早退次数以及旷课次数均须记入考勤表,并与其工作表现评分相联系。旷课累计达到学校学籍管理规定的,依学籍管理有关规定处理。毕业论文工作期间一般不准请假,必须请假的,应在不影响完成任务的前提下,首先向指导教师提出申请,由指导教师签署意见,再按学生学籍管理有关规定审批。

5)缺勤的处理

学生缺勤(包括病、事假)超过毕业设计(论文)时间 1/3 的,取消答辩资格,不予评定成绩。

第27章 创新创业实践

27.1 创新创业教育内涵与意义

在知识经济时代,创新性成为衡量人才的首要尺度,国家创新体系的高效运行是以拥有大批创新精神和创新能力的个人和群体为基石的。国家创新体系对人才的需求与大学基本职能的现代契合,使大学在国家创新体系中具有不可替代的作用。培养创造性人才,为国家创新体系提供人才支撑是大学责无旁贷的神圣使命。

创新与创业教育是随着知识经济时代的到来而产生的一种新的教育思路,首先萌发于美国,现在已在全球兴起。当前,普遍的观点认为,创新是人类在各种创造性活动中,凭借个性直觉,利用已有的知识和经验,提出新颖而独特的问题并解决问题的过程,进而提出新概念、新知识、新价值等。创业是"创立基业"的简称,指开拓与创立个人、集体、国家和社会的各项事业以及所取得的成就。杰弗里·迪蒙斯(美国)在《创业学》中认为,创业是一个创造、增长财富的动态过程,是一个发现和捕获机会并由此创造出新颖的产品或服务并实现其潜在价值的过程。创新是创业的灵魂,创业是创新的表现形式,创业的成败往往取决于创新的程度。

《中国大学生创新创业教育发展报告》中指出,"创新创业教育,从广义上讲,是关于创造一种新的伟大事业的教育实践活动。它完全符合社会主义核心价值观所倡导的改革创新的时代精神,又服务于建设创新型国家实现中华民族伟大复兴的历史任务。从狭义上讲,它是关于创造一种新的职业工作岗位的教学实践活动,是真正解决当代大学生走上自谋职业、灵活就业、自主创业之路的教育改革的实践活动。"

27.2 城乡规划专业创新创业人才培养目标、理念和模式

27.2.1 培养目标

通过创新创业培养,掌握一定的创新创业知识结构和技能,在城乡规划领域具有良好的创新意识、工作能力和团队精神,具备较高的文化素质、良好的职业道德、高度的社会责任感与国际视野,能胜任城乡发展快速、多元以及复杂背景下的研究分析、规划设计、市场开发、经营管理等方面的工作,成为跨学科交叉合作任务专业技术人才。

27.2.2 培养理念

国家新版《城市规划编制办法》在总则第三条指出,"城市规划是政府调控城市空间资源、指导城乡发展与建设、维护社会公平、保障公共安全和公众利益的重要公共政策之一"。这表明,当前的城乡规划专业正在由"技术性"向"公共政策性"转变,规划重点从物质空间拓展到了社会研究范畴,规划任务中协调、兼顾各种利益,科学合理调整社会资源显得尤为

重要;另一方面,城乡发展的地域性、时空性、政策性等复杂背景使城乡规划必须要有科学的前瞻性和因地制宜的特色性。因而,城乡规划人才培养亟待改变传统思维,在知识结构、技术能力、价值观与社会实践方面都应进行补充和创新,以应对新时期城乡规划任务和时代发展的需要。《高等学校城乡规划本科指导性专业规范(2013 版)》中明确指出:城乡规划专业人才的培养应强调大学生的创新思想、方法和能力。

与传统的人才培养相比,创新创业教育最突出的就是学生创新创业能力的培养。创新创业能力的形成需要学生具备过硬的实践操作技能、丰富的知识储备与具有社会性的综合素质。我们知道,不同的教育理念导致不同人才培养模式,创新创业教育的教育理念应该是"兴趣引领、项目驱动、自主实践、创新创业",其核心就是培养学生的创新创业能力。

27.2.3　城乡规划专业创新创业教育模式

城乡规划专业是一门政策性强、实践性强、社会性强、地域性强的专业,任何一个规划设计方案均应体现地域性和创新性。与传统的人才培养模式相比,创新创业教育模式就是以课程教育为前提,以综合素质培养为保障,以第二课堂为核心的创新创业型人才培养模式。其中第二课程主要包括创新创业训练计划、学科竞赛计划、科研训练计划、社会实践、职业规划大赛和职业技能培训计划等六大方面内容。

27.3　创新创业教育第二课堂

27.3.1　创新创业训练计划——以国家级大学生创新创业训练计划为例

国家级大学生创新创业训练计划(以下简称"训练计划")是根据《教育部 财政部关于"十二五"期间实施"高等学校本科教学质量与教学改革工程"的意见》(教高〔2011〕6 号)和《教育部关于批准实施"十二五"期间"高等学校本科教学质量与教学改革工程"2012 年建设项目的通知》(教高函〔2012〕2 号),由教育部决定设立的。目的是通过实施国家级大学生创新创业训练计划,促进高等学校转变教育思想观念,改革人才培养模式,强化创新创业能力训练,增强高校学生的创新能力和在创新基础上的创业能力,培养适应创新型国家建设需要的高水平创新人才。2015 年 10 月 20 日,时任国务院副总理刘延东在深入推进高校创新创业教育改革座谈会上表示,要按照十八届五中全会的要求,把深化创新创业教育改革纳入"十三五"规划,作为加快推进高等教育综合改革的重要内容,整体谋划、系统设计。各高校要结合实际制定具体方案,明确时间表和路线图。

1)训练计划的内容

训练计划的内容包括创新训练项目、创业训练项目和创业实践项目三类。

创新训练项目是本科生个人或团队,在导师指导下,自主完成创新性研究项目设计、研究条件准备和项目实施、研究报告撰写、成果(学术)交流等工作。

创业训练项目是本科生团队,在导师指导下,团队中每个学生在项目实施过程中扮演一个或多个具体的角色,通过编制商业计划书、开展可行性研究、模拟企业运行、参加企业实践、撰写创业报告等工作。

创业实践项目是学生团队,在学校导师和企业导师共同指导下,采用前期创新训练项目(或创新性实验)的成果,提出一项具有市场前景的创新性产品或者服务,以此为基础开展创业实践活动。

2）参与对象

①"国家大学生创新性实验计划"主要面向全校全日制本科二、三年级学生。申请者必须成绩优秀、善于独立思考、实践动手能力强、对科学研究、科技活动或社会实践有浓厚的兴趣，具有一定的创新意识和研究探索精神，具备从事科学研究的基本素质和能力。申请者可以是个人，也可以是团队，每个团队由3~5人组成。鼓励学科交叉融合，鼓励跨院系、跨专业，以团队形式联合申报。

②申请的项目必须有一名副高以上职称的指导教师。学生在教师的指导下，自主选题、自主设计实施方案。项目研究时间一般为1~3年。

3）研究课程来源

①与课程学习有机结合，从课程学习中引申出的研究课题。

②开放式、探索型和综合性实验教学中延伸出值得进一步深入研究的课题。

③结合学校有关重大研究项目，可由学生独立开展研究的课题。

④由学生自主寻找与实际生活相关的课题。

4）项目流程

①由学院进行初审，出具审核、推荐意见后提交教务处。

②由有关学科专业和相关职能部门专家组成的评审组，采取申报书评阅以及公开答辩等形式对各个项目进行评审，形成评审意见。

③对评审结果进行公示，公示期结束后入选项目报领导小组及主管校长审批、发布，教务处登记备案。

5）训练计划的组织与实施

训练计划项目面向本科生申报，原则上要求项目负责人在毕业前完成项目。创业实践项目负责人毕业后可根据情况更换负责人，或是在能继续履行项目负责人职责的情况下，以大学生自主创业者的身份继续担任项目负责人。创业实践项目结束时，要按照有关法律法规和政策妥善处理各项事务。申报中，中央部委所属高校直接向教育部提交工作方案，非教育部直属的中央部委所属高校同时报送其所属部委教育司（局）；地方教育行政部门将推荐的地方所属高校的工作方案汇总后，一并提交给教育部。教育部组织专家论证，通过论证后即可实施。

中央财政支持训练计划的资金，按照财政部、教育部《"十二五"期间"高等学校本科教学质量和教学改革工程"专项资金管理办法》（另行制订）进行管理。各高校参照制订相应的专项资金管理办法，负责创新创业训练计划项目经费使用的管理。项目经费由承担项目的学生使用，教师不得使用学生项目经费，学校不得截留和挪用，不得提取管理费。

在训练计划实施过程中，高校要制订项目的管理办法，经规范项目申请、项目实施、项目变更、项目结题等事项的管理，要建立质量监控机制，对项目申报、实施过程中弄虚作假、工作无明显进展的学生要及时终止其项目运行。

训练计划结束后，高校在公平、公开、公正的原则下，自行组织学生项目评审，并报教育部备案和对外公布。项目结束后，由学校组织项目验收，并将验收结果报教育部。验收结果中，必需材料为各项目的总结报告，补充材料为论文、设计、专利以及相关支撑材料。教育部将在指定网站公布项目的总结报告。

27.3.2 学科竞赛

当前,学科竞赛被认为是锻炼人智力的,超出课本范围的一种特殊的考试,是培养大学生综合素质和创新精神的有效手段和重要载体,对于营造创新教育的良好氛围,推进校风学风建设,培养学生的创新精神、协作精神和实践能力,激发学生兴趣和潜能具有重要作用,对于培养应用型创新人才,全面提高人才培养质量有着十分重要的意义。因此,学科竞赛也被认为是创新创业教育中的重要方式。

在城乡规划学科中,每年由高等学校城乡学科专业指导委员会组织的年会中所举办的城乡规划专业本科生课程作业交流评优是国内城乡规划学科参赛学校最多、水平最高,最具权威性的学科竞赛。此课程作业交流评优包括城市设计课程作业评选、城乡社会综合实践调研报告课程作业评选以及特别竞赛单元等三方面内容。在交流评优中,城市设计课程每年确定一个主题,如 2014 年会城市设计的主题是"回归人本,溯源本土",要求参赛者以独特、新颖的视角解析年会主题的内涵,以全面、系统的专业素质进行城市设计。城乡社会综合实践调研则要求针对社会发展和城乡规划与建设,采用调查研究的各种方法,如访谈、问卷、案例分析等形式,发现客观现实中的问题,反映事实,掌握一定规律,体现学生对研究、分析方法的学习与掌握。

27.3.3 科研创新计划

1)开放式研究性实验项目

开放式研究性实验项目是由学生自主提出或在老师的指导下提出的基于城乡规划学科某一个现实问题、技术问题或理论问题而提出来的实验项目。实验项目主要针对大学三年级及以上的同学,项目组由学生自由组成,成员可以是个人,也可以是多人;可以是同一个年级,也可以是不同年级。

(1)基本要求

①参与项目的学生是出于对科学研究或创造发明的浓厚兴趣,有自主学习的积极性和能动性。

②学生是项目的主体。每个项目都要配备导师,但导师只是起辅导作用,参与项目的本科学生个人或团队,在导师指导下,要自主选题设计、自主组织实施、独立撰写总结报告。

③学生项目选题要适合。项目选题要求思路新颖、目标明确、具有创新性和探索性,学生要对研究方案及技术路线进行可行性分析,并在实施过程中不断调整优化。

④参与项目的学生要处理好学习基础知识和基本技能与创新性实验和创造发明的关系。

(2)项目要求

①项目要体现城乡规划的知识创新、技术创新或研究方法创新,实施手段以实验和设计为主,结合国内外研究资料分析。

②选题科学、内容新颖,具有挑战性和前景价值,有助于增强学生创造、创业意识和能力。

③项目方案条理清晰,实验设计合理,方法可行,实验条件能满足项目要求,以保障项目

的可行性。

④预期目标明确。以知识创新、技术创新为主的项目要有可视化的实验过程和数据,以研究方法创新为主的项目要有量化的对比结果。

2)教师科研带动

教师科研带动是以专业教师所承担或主持的纵(横)向项目为平台,组织学生参与其中的科学研究或实践活动。在科研项目的带领下,同学们既可以学习到科学研究的方法,培养科学素养,又可以了解前沿问题,分析社会热点,锻炼学生的规划设计能力。

27.3.4 职业规划大赛与创业大赛

职业生涯规划大赛是全面普及大学生职业生涯规划知识,提高大学生的创新能力、实践能力和就业能力的重要平台。选手通过自我认知、职业认知、职业决策、职业发展路径、职业计划、自我监控等的系统分析和现场展演,全面展示参赛同学的专业能力、合作能力、沟通能力、协作能力、领导能力、创新能力、决策能力、社会实践能力、求职就业能力等。

职业生涯规划大赛可依托"大学生职业生涯规划"课程,结合校级、省级大赛,完成四项课程任务:通过学校和本省大赛期间提供的免费测评系统,指导学生进行网上测评,教师帮助学生分析测评报告内容;对目标职业、行业、企业以及家庭、学校、社会经济环境进行调查,写出调查分析报告;组织每一位同学在课堂上展示讲述自己的职业规划,并接受老师、同学的点评;递交一份完整的《职业生涯规划书》,作为课程主要考核依据。通过《大学生职业生涯规划教学》,每一位学生都参与了职业生涯规划大赛,在此基础上推荐参加院系级、校级、省级以致全国职业生涯规划大赛。

当前"大学生创新创业教育"已经列入了教学计划,作为必修课程。该课程的教学实施可以围绕学生组建创业团队、选择创业项目、小组研讨、撰写《创业计划书》为主题展开,课程的考核评价包括两方面:一是创业团队成员面对全班同学进行创业项目陈述、答辩,二是创业团队递交一份完整的《创业计划书》。通过这种教学安排,每一位学生都参与了创业大赛,在此基础上,推荐参加院系、学校、市、省、国家举办的各类创意创新创业大赛。

27.3.5 社会实践活动

社会实践活动之一,是通过与校外城乡规划设计院所、政府职能部门等共建实践基地的方式,利用假期、实习时间等组织学生分散到职能部门和企业现场,深入工作岗位,感受体验创新创业氛围,学习提高创新创业技能。

社会活动之二,是利用常规的一年一度大学生暑期社会实践活动,组织学生深入周边城市和乡村,在教师的指导下开展项目帮扶、情景创意、法规咨询、市场专项调查等活动。通过鼓励大学生积极参加社会实践,既拓宽了教育教学途径,又提高了学生创新创业的综合素质。

27.4 实施创新创业教育的教学要求

创新创业实践是在同学们兴趣驱动和自主实践的基础上完成的,但仍然不能脱离老师的重要作用和教学环境的营造。只有内因与外因并举,才能把创新创业教育做实。

1）转变教育观点，培养创新意识

教师观念的转变是实施创新教育的关键和前提，教师观念不改变就不可能培养出具有创新意识的学生。首先，要认识课堂教学中教师与学生的地位和作用，教与学的关系，发挥教师的主导作用和学生的主体作用，充分调动学生的学习主动性和积极性，使学生以饱满的热情参与课堂教学活动。建构主义理论认为，知识不是通过传授得到，而是学习者在一定的情境即社会文化背景下，借助他人（包括教师和学习伙伴）的帮助，利用必要的学习资料，通过意义构建而获得。因此，教师在学生的学习过程中应是组织者、指导者、帮助者、评价者，而不是知识的灌输者，不要把教师的意识强加于学生；学生是教学活动的参与者、探索者、合作者，学生的学习动机、情感、意志对学习效果起着决定性作用。其次，在教学方法上也要改变传统的注入式为启发式、讨论式、探究式，学生通过独立思考，处理所获取的信息，使新旧知识融会贯通，建构新的知识体系，只有这样才能使学生养成良好的学习习惯，从中获得成功的喜悦，满足心理上的需求，体现自我价值，从而进一步激发他们内在的学习动机，增加创新意识。

2）营造教学氛围，提供创新舞台

课堂教学氛围是师生即时心理活动的外在表现，是由师生的情绪、情感、教与学的态度、教师的威信、学生的注意力等因素共同作用下所产生的一种心理状态。良好的教学氛围是由师生共同调节控制形成的，实质就是处理好师生关系、教与学的关系，真正使学生感受到他们是学习的主人，是教学成败的关键，是教学效果的最终体现者。因此，教师要善于调控课堂教学活动，为学生营造民主、平等、和谐、融合、合作、相互尊重的学习氛围，让学生在轻松、愉快的心情下学习，鼓励他们大胆质疑，探讨解决问题的不同方法。亲其师，信其道，师生关系融洽，课堂气氛才能活跃，只有营造良好的教学气氛，才能为学生提供一个锻炼创新能力的舞台。

3）训练创新思维，培养创新能力

创新思维源于常规的思维过程，又高于常规的思维，它是指对某种事物、问题、观点产生新的发现、新的解决方法、新的见解。它的特征是超越或突破人们固有的认识，使人们的认识"更上一层楼"。因此，创造思维是创造能力的催化剂。提问是启迪创造思维的有效手段。因此，教师在课堂教学中要善于提出问题，引导学生独立思考，使学生在课堂上始终保持活跃的思维状态。通过特定的问题使学生掌握重点，突破难点。爱因斯坦曾说："想象比知识更重要，因为知识是有限的，而想象力概括着世界的一切，推动进步并且是知识进化的源泉"。想象是指在知觉材料的基础上，经过新的配合而创造出新形象的心理过程。想象可以使人们看问题能由表及里，由现象到本质，由已知推及未知，使思维活动起质的飞跃，丰富的想象力能"撞击"出新的"火花"。因此，在教学过程中要诱发学生的想象思维。

4）掌握研究方法，提高实践能力

科学的研究方法是实现创新能力的最有效手段，任何新的发现，新的科学成果都必须用科学的方法去研究，并在实践中检验和论证。因此，教师要使学生掌握科学的探究方法，其基本程序是：提出问题—作出假设—制订计划—实施计划—得出结论。课堂教学中主要通过实验来训练学生的实践能力，尽量改变传统的演示性实验。验证性实验为探索性实验；另外还可以向学生提供一定的背景材料、实验用品，让学生根据特定的背景材料提出问题，自已设计实验方案,通过实验进行观察、分析、思考、讨论,最后得出结论,这样才有利于培养学生的协作精神和创作能力。有时实验不一定能获得预期的效果,此时教师要引导学生分析失败的原因,找出影响实验效果的因素,从中吸取教训,重新进行实验,直到取得满意的效果为止。这样不仅提高学生的实践能力,而且还培养学生的耐挫能力。

5)教师应具备的能力和知识结构

现代社会,知识密度的增长及更新换代加速、新学科的涌现,促进了教学内容的更新和课程改革,呼唤教育终身化,不断学习,成为现代人的必然要求。教师作为知识的传授者,更要适应现代教育的发展需求,不断学习新知识、不断更新自己的知识结构。继承是学习,创新也是学习。教师要提高自学能力必须要做到:①能有目的地学习;②能有选择地学习;③能够独立地学习;④能在学习上进行自我调控。最终走上自主创新性学习之路,以学导学,以学导教。同时,教师知识结构必须合理,现代社会的教师不能仅用昨天的知识,教今天的学生去适应明天的社会。作为教师,除了要掌握广博的科学文化知识,还要有心理学、教育学知识,要掌握现代信息技术,才能适应现代发展的需要,才能更好地去教好学生。

6)利用新的信息,触发创新灵感

现代社会,教师要培养学生收集和处理最新信息的能力。科学技术的迅猛发展,新技术、新成果的不断涌现,瞬息万变的信息纷至沓来,令人目不暇接。只有不断地获取并储备新信息,掌握科学发展的最新动态,才能对事物具有敏锐的洞察力,产生创新的灵感。否则,创新将成为无水之源、无土之木。因此,要引导学生通过各种渠道获取新信息,如通过图书馆、电视、报纸、互联网、社会调查等获取信息,为创新奠定坚实的知识基础,这样才能在科学研究上高屋建瓴,运筹帷幄,驾驭科学发展的潮流,才能使创新能力结出丰硕的成果。

27.5　创新创业教育的保障条件

1)经费支持

创新创业教育必须要有相应的经费支持。经费来源渠道包括学校本身以及国家、省(地、市)各级教育主管部门。项目经费的使用范围限于材料费、差旅费、场地费、设备购置费、网络费、资料费、报名费、会务费、评审费、维修费、宣传费等内容的开支。经费必须在学校的监督管理下专款专用,指导教师不得使用学生的创新活动项目专项经费,保证经费使用科学、合理、规范。

2)实验室或产学研基地的开放

对于所有创新创业教育立项的项目,学校都应提供一切可能的场地和仪器设备条件,开放实验室或产学研基地,为大学生创新活动计划项目的实施提供实在的支撑。目前,许多大学都成立了大学生创新创业中心、基地或创业园,制订了专门的实施办法。如上海理工大学,相继成立了大学生创新创业中心、外语学院创新创业基地、数学建模创新基地、机械实训中心等各类创新创业基地,制订了《上海理工大学学生创新活动计划实施办法》,学校现有的国家级实验教学示范中心、各学院实验中心(室)、图文信息中心、各类开放实验室与重点实验室实行开放式管理,向参与项目的学生免费提供实验场地和实验器材,满足学生项目开发的需要。教师科研项目中,如有学生创新性实验项目所需要的实验设备,教务处将协调并鼓励教师提供给创新实验项目组的学生使用。良好的创新氛围更有利于学生科研能力、动手能力和个人素质的提升,是一个可以让学生互动学习并且可以进行团队合作的场所。

3）学生激励政策

在创新创业教育中,学生无疑是主体。尽管创新创业课程已经以必修课的形式纳入了城乡规划专业本科生培养教学计划中,但仍然要有一些措施来激励学生积极参与,只有这样才能让创新创业教育有更大的吸引力和可持久性。具体的激励措施是,对获奖的创新活动项目,可根据其获奖级别和有关规定,对项目完成者给予物质上、荣誉上和学分上的奖励;对于在创新活动开展过程中表现突出或者取得杰出成果的学生,学校可予以优先推荐就业,保送直升研究生等。

4）教师激励政策

创新创业教育中,教师的地位和作用不可或缺。上海理工大学对获奖的创新活动项目,根据其获奖级别和有关规定,对项目指导教师给予表彰和奖励;将“创新活动开展”和“创新项目的立项”作为对学院和教师考核的重要指标之一;评选“大学生创新优秀成果”和“大学生创新优秀指导教师和团队”,对获奖的指导教师和团队给予表彰和配套资助。将大学生创新实践教学落实于学院的教学任务,建立创新教育的长效机制,激发教师投身于大学生创新性实验计划的积极性。

参考文献

[1] 唐寅. 西方古典主义大师素描集[M]. 北京：人民美术出版，2001.

[2] 董春欣. 设计素描[M]. 上海：上海书画出版社，2005.

[3] 杨义辉，刘骥林，曹大庆，等. 素描[M]. 西安：陕西人民美术出版社，2006.

[4] 彭一刚. 建筑空间组合论[M]. 3版. 北京：中国建筑工业出版社，2008.

[5] 田学哲. 建筑初步[M]. 北京：中国建筑工业出版社，2008.

[6] 袁诚. 色彩基础[M]. 武汉：武汉大学，2005.

[7] 蒋晓玲. 素描与色彩静物单个写生[M]. 武汉：湖北美术出版社，2013.

[8] 王雷，林杰. 中国美院基础课写生范本：基础色彩[M]. 上海：上海人民美术出版社，2012.

[9] 陈飞虎. 水彩建筑风景写生技法[M]. 2版. 北京：中国建筑工业出版社，2009.

[10] 张文忠. 公共建筑设计原理[M]. 北京：中国建筑工业出版社，2008.

[11] 托伯特·哈姆林[美]. 建筑形式美的原则[M]. 邹德侬，译. 北京：中国建筑工业出版社，1982.

[12] 程大锦. 建筑：形式、空间和秩序[M]. 天津：天津大学出版社，2008.

[13] 吴志强，李德华. 城市规划原理[M]. 4版. 北京：中国建筑工业出版社，2011.

[14] 董光器. 城市总体规划[M]. 2版. 南京：东南大学出版社，2007.

[15] 闫寒. 建筑学场地设计[M]. 北京：中国建筑工业出版社，2006.

[16] 约翰·O. 西蒙兹[美]. 景观设计学——场地规划与设计手册[M]. 俞孔坚，译. 3版. 北京：中国建筑工业出版社，2000.

[17] 张伶伶，孟浩. 场地设计[M]. 北京：中国建筑工业出版社，2010.

[18] 胡纹. 居住区规划原理与设计方法[M]. 北京：中国建筑工业出版社，2007.

[19] 邓述平，王仲谷. 居住区规划设计资料集[M]. 北京：中国建筑工业出版社，2009.

[20] 李朝阳. 城市交通与道路规划[M]. 武汉：华中科技大学出版社，2009.

[21] 沈建武. 城市道路与交通[M]. 武汉：武汉大学出版社，2012.

[22] 牛强. 城市规划 GIS 技术应用指南[M]. 北京：中国建筑工业出版社，2012.

[23] 宋小东，钮心毅. 地理信息系统实习教程[M]. 北京：科学出版社，2013.

[24] 宋小东，叶嘉安，钮心毅. 地理信息系统及其在城市规划与管理中的应用[M]. 北京：科学出版社，2010.

[25] 李天荣. 城市工程管线系统[M]. 重庆：重庆大学出版社，2002.

[26] 戴慎志. 城市工程系统规划[M]. 北京：中国建筑工业出版社，2001.

[27] 董光器. 城市总体规划[M]. 南京：东南大学出版社，2007.

[28] 裴新生，王新哲. 理想空间 20：新形势下的城市总体规划[M]. 上海：同济大学出版社，2007.

[29] 郑毅. 城市规划设计手册[M]. 北京：中国建筑工业出版社，2000.

［30］金煜.园林植物景观设计［M］.沈阳:辽宁科学技术出版社,2009.

［31］格兰特·W.里德.园林景观设计——从概念到形式［M］.郑淮兵,译.北京:中国建筑工业出版社,2010.

［32］诺曼·K.布思,詹姆斯·E.希斯.住宅景观设计［M］.马雪梅,彭晓烈,等译.北京:北京科学技术出版社,2013.

［33］胡长龙.园林规划设计［M］.北京:中国农业出版社,2005.

［34］王建国.城市设计［M］.北京:中国建筑工业出版社,2009.

［35］邹德慈.城市设计概论——理念·思考·方法·实践［M］.北京:中国建筑工业出版社,2003.

［36］埃德蒙,N.培根.城市设计(修订版)［M］.黄富厢,朱琪,译.北京:中国建筑工业出版社,2003.

［37］C.亚历山大,H.奈斯,A.安尼诺,等.城市设计新理论［M］.陈治业,童丽萍,译.北京:知识产权出版社,2002.

［38］夏南凯,田宝江.控制性详细规划［M］.上海:同济大学出版社,2005.

［39］王珺,宋睿,李婧,等.城市规划快题设计［M］.2版.北京:化学工业出版社,2014.

［40］乔杰,王莹.城市规划快题设计与表达［M］.北京:中国林业出版社,2013.

［41］罗选文,袁旦.规划快题设计方案方法与评析［M］.武汉:华中科技大学出版社,2013.

［42］王耀武,郭雁.规划快题设计作品集［M］.上海:同济大学出版社,2009.

［43］金兆森,陆伟刚.村镇规划［M］.3版.南京:东南大学出版社,2010.

［44］汪晓敏,汪庆玲.现代村镇规划与建筑设计［M］.南京:东南大学出版社,2007.

［45］水延凯,江立华.社会调查教程［M］.6版.北京:中国人民大学出版社,2014.

［46］赖因博恩,科赫.城市设计构思教程［M］.汤朔宁,郭屹炜,宋轩,译.上海:上海人民美术出版社,2005.